带钢冷连轧生产系统的动态智能质量控制

程菲　任飞　著

北　京
冶　金　工　业　出　版　社
2014

内 容 提 要

针对带钢冷连轧过程质量控制的特点，本书提出了一种基于模糊逻辑推理和神经网络的动态智能质量控制器 DIQC。本书介绍了在最大输出误差点添加新隶属函数的构造性动态结构的控制器以减轻偏差/方差两难问题、控制器的全局逼近性质、参数的局部性与线性化要求；为达到全局闭环稳定而需要的全局控制方案、激励持续条件、学习率的界定；对于泛化能力的可靠性、数据分布的优化策略、在线学习条件、控制器反馈结构；去模糊化方法的选定、T - norm 算子与隶属函数的选择、ε - 完备性要求以及模糊相似程度判定等内容。

本书可供从事自动化、连铸连轧等相关专业的工程技术人员参考使用。

图书在版编目（CIP）数据

带钢冷连轧生产系统的动态智能质量控制/程菲，任飞著 . —北京：冶金工业出版社，2014.7

ISBN 978-7-5024-6643-5

Ⅰ . ①带… Ⅱ . ①程… ②任… Ⅲ . ①带钢—冷连轧—质量控制系统—智能控制—研究 Ⅳ . ①TG335.12

中国版本图书馆 CIP 数据核字（2014）第 153045 号

出 版 人 谭学余
地　　址 北京市东城区嵩祝院北巷 39 号　邮编 100009　电话 （010）64027926
网　　址 www.cnmip.com.cn　电子信箱 yjcbs@cnmip.com.cn
责任编辑 郭冬艳 美术编辑 彭子赫 版式设计 孙跃红
责任校对 禹 蕊 责任印制 李玉山
ISBN 978-7-5024-6643-5
冶金工业出版社出版发行；各地新华书店经销；北京慧美印刷有限公司印刷
2014 年 7 月第 1 版，2014 年 7 月第 1 次印刷
169mm×239mm；8.5 印张；167 千字；128 页
36.00 元
冶金工业出版社　投稿电话 （010）64027932　投稿信箱 tougao@cnmip.com.cn
冶金工业出版社营销中心　电话 （010）64044283　传真 （010）64027893
冶金书店　地址　北京市东四西大街 46 号（100010）　电话 （010）65289081（兼传真）
冶金工业出版社天猫旗舰店　yjgy.tmall.com
（本书如有印装质量问题，本社营销中心负责退换）

前　言

冷轧是带材生产的主要工序之一，所生产的冷轧板带属于高附加值钢材品种。冷轧的带钢、薄板产品由于具有表面质量好，尺寸精度高、工艺性能好等优点，被广泛地应用于航空、汽车、电子、化工、家电、造船、建筑、食品及民用五金等国民经济中的各个部门。

目前带钢冷轧机的主流是五机架冷连轧机，其生产线上还包括上料设备、开卷机、取卷机等众多配套设备。欲使这样一个复杂的生产系统间各设备密切配合，正常运转，必须要有基于计算机与通讯技术的现代自动控制技术作为保障。因此，编写一本深入介绍冷轧生产线智能控制原理及应用的书籍就显得非常必要。为了满足企业更多、更深入地学习和应用智能控制方法的要求，作者基于攀枝花钢铁公司带钢冷轧线生产与控制方面的工程实践，编写了本书。

本书由带钢冷连轧系统智能控制理论体系、支撑技术和实施过程三部分组成。以介绍基于模糊逻辑推理和神经网络的带钢冷连轧动态智能质量控制器 DIQC 为主线，详细介绍了冷连轧过程质量控制理论及其方法。全书共分 8 章，主要内容分别为带钢冷连轧系统概述、智能算法与工业控制、基于模糊神经网络的冷连轧动态智能质量控制、冷连轧过程数据处理、采集与跟踪、基于 DIQC 的冷连轧机轴扭振控制、基于 DIQC 的冷连轧偏心与硬度干扰控制、基于 DIQC 的冷连轧厚度控制等。

作者的初衷是试图寻找一种有效的控制方法，以解决带钢冷连轧生产系统的控制问题。该系统具有复杂性、非线性、因素间强耦合、时变性等特点，且往往受干扰与噪声的影响，具有很强的不确定性。针对这些特点，本书提出基于模糊逻辑推理和神经网络的，具有自组织、自学习功能的动态智能质量控制器 DIQC 理论，并利用过程输入－输出的测量数据和可调结构与参数的参考模型来实现冷连轧生产的在线智能控制。

　　书中对智能控制器 DIQC 构建过程中涉及的多个具体问题，如采用在最大输出误差点添加新隶属函数的构造性动态结构的控制器以减轻偏差/方差两难问题，对控制器的全局逼近性质、参数的局部性与线性化要求等也进行了阐述。同时，还介绍了其他一些方法，如为达到全局闭环稳定而需要的全局控制方案、激励持续条件、学习率的界定等。

　　本书采用仿真方法对 DIQC 控制器进行了有效性验证，并与 PID 控制方法及另一常用动态构造神经网络控制器 CCNC 进行对照比较。

　　本书由杭州电子科技大学讲师程菲与安徽省黄山市黄山区二中教师任飞共同编写完成。其中程菲完成全文构思与理论及算法部分，数据处理及仿真实现由任飞完成。感谢浙江省自然科学基金（LY13G010006）对本书出版的资助。感谢厦门大学自动化系罗键教授、何善君博士对本书理论研究与仿真实现过程中给予的指导与帮助。感谢攀枝花钢铁集团冷轧厂王承忠工程师在本书基础数据收集环节给予的大力协助。还有很多其他老师、同学以及攀钢有关部门的领导与技术人员的支持，在此不再一一列出。编撰过程中引用或参考了一些相关书籍的资料，在此对这些文献的创作者一并表示感谢。

　　由于作者水平所限，书中难免有不妥之处，诚请广大读者批评指正。

著　者

2014 年 5 月于杭州

目　　录

1 绪 论

1.1 冷连轧工艺流程简介

冷轧带钢是带材的主要成品工序，其所生产的冷轧薄板属于高附加值钢材品种。由于冷轧的带钢、薄板产品具有表面质量好，尺寸精度高和优良的机械、工艺性能等优点，因而被广泛应用于航空、汽车、电子、化工、家电、造船、建筑、食品及民用五金等国民经济各个部门。

钢铁冶金工业具有典型的生产流程。从炼铁开始到冷轧产品的主要生产工艺流程，根据各个工序间的紧密衔接程度，大致可分为四个主要工序：炼铁工序（iron – making）、炼钢工序（primary steel – making）、热轧工序（hot – rolling）和精加工冷轧工序（cold – rolling）。冷轧工序属于钢铁企业的尾部工序之一[1]。

早期的冷轧带钢是在单机架上经多道次反复轧制成型的。这种单轧机的生产方式速度低，生产出的冷轧带钢质量差[2]。后来大规模、高产量的冷轧带钢生产都采用连续式多机架冷轧机。目前的连续式冷轧机一般有四机架、五机架、六机架等几种配置形式。一般四机架连轧机由于总变形量小，大都用于生产比较厚的带钢，成品的厚度在 0.35mm 以上[3]。而五机架及六机架连轧机主要用于生产薄规格产品，成品厚度最薄可达 0.15mm。而六机架冷连轧机不论是生产薄规格带钢的能力，或是实际生产速度的提升，并不比五机架冷连轧机具有太大的优越性，因此五机架冷连轧机便成为当今带钢冷连轧机的主流[4]。典型的五机架冷连轧机组设备如图 1 - 1[5]所示。

带钢冷连轧机生产线上除了五机架连轧机主体设备以外，还包括头部的上料设备、开卷机以及尾部的卷取机。在旧式无头轧制的连续冷轧带钢生产线上，轧制线头部还有矫直机、焊接机及活套等设备。这些设备不仅要与五机架冷连轧机密切配合，做到动作步调一致，而且必须保证五机架冷连轧机上位置控制、厚度控制、张力控制、速度控制以及板形控制的顺利进行。由此可见，五机架冷轧机生产线操作是极其复杂的，仅依靠人力操作很难完全胜任此项工作。因此，五机架冷连轧机的出现必须要有自动控制和计算机技术发展作为基础。

由于冷轧原料——热轧卷终轧温度高达 800～900℃，其表面生成的氧化铁皮层必须在冷轧前去除，因此目前冷连轧机组都配有连续酸洗机组。

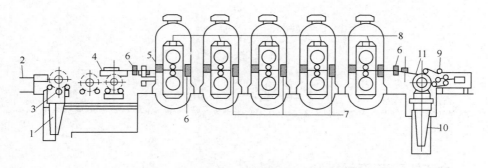

图 1 - 1 五机架冷连轧机组设备示意图[5]

1—钢卷小车；2—拆捆机；3—步进式梁；4—开卷机；5—辊式压紧器；6—同位素测厚仪；
7—电磁式测厚仪；8—液压压下装置；9—助卷机；10—钢卷小车；11—张力卷取机

图 1 -1[5]所示传统五机架冷连轧机组工作流程为：经过酸洗处理后的热轧带卷，用吊车吊到上料步进梁，送到钢卷小车以装到开卷机上，通过开卷刮刀、夹送辊将带头送到矫直辊准备进入轧机实现穿带过程，带钢以穿带速度逐架咬入各机架（逐架建立机架间张力），当带头进入卷取机卷筒并建立张力后，机组开始同步加速至轧制速度（20～35m/s），进入稳定轧制阶段，各自动控制系统相继投入，稳定轧制段占整个轧制过程的 95% 以上。在带钢即将轧完时轧机开始减速，以使带尾能以低速（2m/s 左右）离开各个机架，避免损坏轧辊及带尾跳动。带尾进入卷取机后自动停车，卸卷小车上升、卷筒收缩，以便卸卷小车将钢卷卸出并送往输出步进梁，最终由吊车吊至下一工序。四机架冷连轧机机组工作流程与其相仿，主要用于轧制中厚板[6]。冷连轧生产流程如图 1 -2 所示。本书讲述的主要内容是基于四机架酸轧联机机组的。

　　近年来随着一批新建热连轧机的投产，我国冷连轧建设的迫切性进一步加大。在今后的一段时间内，冷连轧机与其配套的镀层等处理线将是我国冶金工业的重点建设项目。

1.2 冷连轧计算机质量控制系统

1.2.1 带钢冷连轧计算机控制的发展与趋势

　　从 20 世纪 50 年代开始，随着电子技术和自动控制理论的发展，美国首先开始在轧钢生产中采用晶体管逻辑控制、厚度自动控制、卡片程序控制等新技术，使轧钢过程自动化程度有较大的提高[7]。与此同时，轧钢过程的各主要参数，如温度、尺寸、速度、位置和轧制力等的检测仪表也相继研制成功，从而为在轧钢过程中采用电子计算机实现综合自动化创造了条件。

　　1960 年以来，美国又率先在轧钢生产中采用电子计算机进行过程控制和生

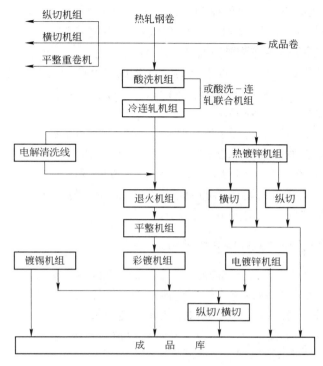

图 1-2　冷连轧生产流程图

产管理，并取得显著成效[8]。电子计算机最初是在带钢热连轧机上成功获得应用的，在取得实用经验的基础上，于1968年以后逐步在带钢冷连轧机上也实现了计算机控制[9]。在这阶段中出现的计算机都以磁芯作为内存储器，存储容量一般为8～64K，以磁鼓作为外存储器，存储容量一般为16～256K。计算机的输入设备主要为纸带阅读器、纸带穿孔机、卡片阅读器和卡片穿孔机。从计算机控制系统结构上看，代表当时轧钢领域最高技术水平的冷连轧机的控制系统主要是采用一台中小型计算机对生产过程进行集中控制。采用集中控制有两大缺点：一是一旦控制机出现故障，必将造成整条连轧生产线停产，使轧制作业率降低；二是过分集中的计算机控制系统，由于功能范围广泛，从实时控制到生产管理，从生产调度到故障处理，要建立一个统一的有效的数学模型是相当困难的。

　　冷连轧机的计算机控制水平是由低级到高级、由局部到全局逐步提高的。自20世纪70年代末期以后，随着微型计算机工业的崛起，新建的连轧机几乎全部采用分级控制或分散控制。即由几台微型机分别承担冷连轧机的部分控制功能，并代替部分或全部模拟调节器直接对冷轧生产过程进行数字控制，即实行直接数字控制（DDC）。另由一台或两台计算机向各DDC发出指令或设定值，实行监督控制（SCC）。在此阶段，用于控制的计算机装备水平有了极大的提高，冷连轧机上用的控制计算机一般都用半导体存储器作为内存储器，内存容量达 64～256M 或更高，用硬磁盘作为外存储器，硬盘容量达 2～8.6G。计算机输入则用键盘或网络，使用起来更为方便。同时，计算机在生产管理方面的应用范围也逐渐扩大，除积累和分析生产数据、事故记录、产品分类、打印报表外，还可以用于生产调度和安排生产计划等。

由于对冷轧薄板质量的要求越来越严，计算机控制系统已是冷连轧不可缺少的组成部分。随着液压控制系统的广泛应用（液压压下、液压弯辊、液压窜辊机构），加上全部控制都将作用于轧辊－轧件形成的变形区，因此冷连轧控制系统需要满足高速控制与高速通讯的要求，此"二高"特点决定了冷连轧控制系统的发展趋势是"快速"分布式计算机控制系统。

1.2.2　冷连轧计算机质量控制系统类别

计算机控制系统是保证带钢冷连轧机正确而有条不紊运行不可缺少的中心环节。冷连轧机的质量控制系统自始至终伴随着冷连轧机的发展逐步走向成熟。虽然冷连轧机质量控制系统千差万别，但从体系结构上大体可分为以下三类[10]。

1.2.2.1　计算机监督和模拟调节器组成的控制系统

该控制系统原理图如图 1－3 所示。

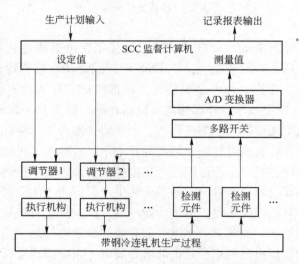

图 1－3　计算机监督和模拟调节器组成的控制系统控制原理图

在这种控制系统中，上一级为监督计算机（SCC），下一级为模拟调节器。监督计算机的作用是接收生产管理计算机发来的信息，对轧制线上的带钢进行跟踪，选择最佳的轧制规程，按照数学模型计算设定值，输出设定值到下一级的模拟调节器。此设定值在模拟调节器中与检测值进行比较后，其偏差值经模拟调节器计算后输出到执行机构，以达到调节生产过程的目的。这样，控制系统就可以根据轧制过程中参数的变化，不断地改变设定值，以达到实现最优控制的目的。

模拟调节器是以集成运算放大器为基础构成的硬件模块。由监督计算机提供被控制量的设定值，通过模拟调节器进行比例、积分或比例积分调节，以完成对辊缝位置、轧制力、张力等参数的调节。

1.2.2.2　计算机监督和数字控制器组成的控制系统

该系统控制原理如图 1-4 所示。

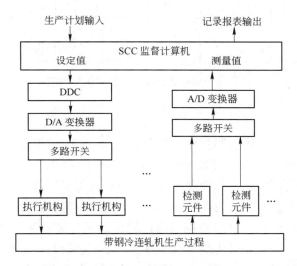

图 1-4　计算机监督和数字控制器组成的控制系统控制原理图

本系统为两级计算机控制系统。上一级为监督计算机，其功能与计算机监督与模拟调节器组成的控制系统中的监督计算机一样，完成轧制策略和预设定值计算。直接数字控制在测量值传送到监督计算机的同时，将其送到直接数字控制器中与监督计算机发送的设定值进行比较，其偏差由直接数字控制器进行数字控制计算，然后经 D/A 转换器控制执行机构对轧制过程进行调节。这种控制系统具有许多优点：控制规律可以改变，控制精度高，使用灵活方便，而且系统比较简单。

1.2.2.3　分布式计算机控制系统

所谓"分布式计算机控制系统"（见图 1-5），就是将冷连轧机生产过程控制与企业生产管理结合起来，由几级计算机来实现全面控制。而分布式计算机系统的各级是按并行方式工作的，很多轧制参数采集和控制功能都分散到各个

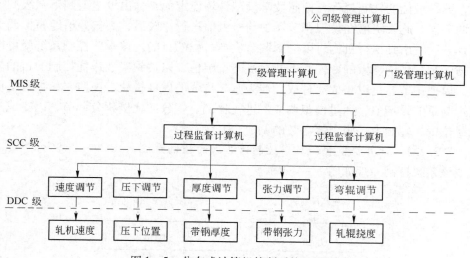

图 1-5 分布式计算机控制系统原理图

"子系统"中。

冷连轧分布式计算机控制系统一般分为三级，即生产管理级（MIS 级）、监督控制级（SCC 级）以及直接数字控制级（DDC 级）[11]。大型企业中生产管理级还可分为公司管理级、工厂管理级与车间管理级等。通常管理计算机都采用数据处理和科学计算能力强、内存及外存容量大的大中型计算机。监督控制级的主要任务是实现最优控制和自适应控制的计算，向下一级 DDC 发送设定值，通常监督计算机选用小型计算机或微型机。直接数字控制级对冷连轧生产过程中的单个设备或装置进行直接闭环控制，通常这一级可以采用微型机、工业控制机或可编程序控制器[12]。

在这类计算机控制系统中，计算机之间采用网络进行互连。

1.3 攀钢冷连轧计算机控制系统的组成及其存在的问题

酸轧联机控制流程如图 1-6 所示，酸轧联机工艺如图 1-7 所示。

计算机控制系统由三级组成：生产管理级、过程控制级和基础自动化。如图 1-8 所示。

酸洗连轧过程计算机系统采取客户机/服务器方式，包括 3 台服务器、数台 PC 机及打印机。服务器分别为数据库服务器、应用系统服务器和模型服务器。整个系统可以在四种方式下工作：自动、半自动、备份、测试[13]。自动方式为正常生产方式，在自动方式下，过程控制计算机系统在线投入，接收一级系统的所有生产信号，一级自动化系统自动请求生产数据。基本生产数据由二级控制系统下发后，不允许操作工在一级系统上修改。半自动方式下则允许操作工在一级系统上修改基本生产数据。备份方式即离线方式，这时系统的全部功能可以随着来自轧线的实时信号进行工作，即接收来自轧线的各种信号，跟踪轧件位置，确定轧线各设备应有的设定值等。但是一级自动化系统所需的生产数据不能由二级控制系统下传，需由操作工在一级手动输入。测试方式只用于测试和调试阶段，在不连接一级系统的情况下，通过画面操作，由过程模拟模块模拟一级所有生产信号，测试应用控制系统的所有功能。

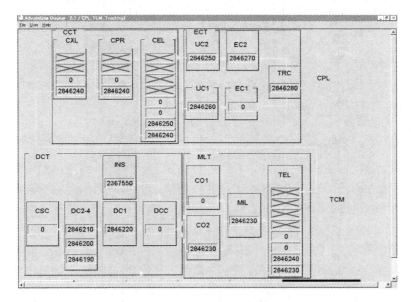

图 1-6 酸轧联机控制流程

系统功能：

（1）数据通信：实现二级计算机系统与一级自动化系统之间的数据交换，即接收来自一级系统的信号和向一级系统发送预设定数据和生产数据。

（2）物料跟踪：负责生产过程的跟踪。根据一级系统传送的跟踪信号，跟踪钢卷在生产线上的移动，监视钢卷在生产线中的位置，保持与一级的实际生产同步，并根据钢卷移动的信息，随时更新跟踪数据，启动相应的轧机控制功能。

（3）HMI 画面和报表显示。

现有系统中，在过程控制级中通过轧制程序计算程序和自适应计算程序，对预设定值进行计算，并通过优化，提高预设定值的计算精度。系统运行以来稳定性较好，但也存在一些问题，主要表现在以下几个方面：

（1）抗干扰能力不够。多次出现轧制过程中因电压波动或来料硬度变化等原因造成的断带、停机现象，严重时造成了轧机损坏。

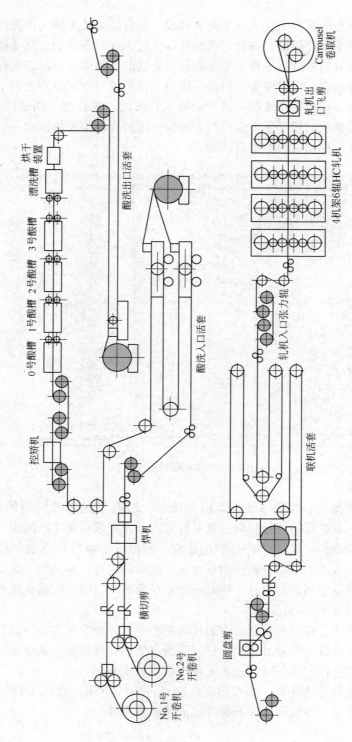

图 1-7 酸轧联机工艺

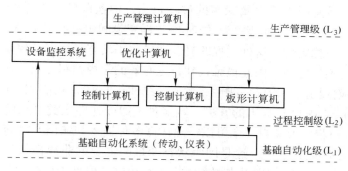

图 1-8 攀钢酸轧计算机控制系统

（2）控制精度仍有提高的空间。现有系统虽然可以对厚度、板形等指标进行在线调整，但是精度不够，并且滞后情况比较明显。

（3）智能化程度有待提高。虽然系统采用了自适应控制，但生产过程中需要操作工进行频繁的人工调整，影响产品的质量，因而迫切需要智能化程度更高的控制方法。

1. 4　带钢冷连轧系统的智能化控制要求

带钢冷连轧过程具有以下特点：

（1）非线性。如冷连轧过程中的来料厚度与输出厚度、卷取机速度、厚度传感器的置放点、轧制力等之间的关系都是非线性的。

（2）瞬时现象。如轧制过程中的突然加速或减速等。

（3）动态系统的时变性。如连续的轧制、酸洗、鼓风、加热、退火、冷却等过程均为时变的。

（4）多输入多输出系统内部的强交互作用。比如，控制张力以实现对轧制速度进行控制等。

（5）直接测取某些控制变量的困难性。

（6）反馈控制中存在大量无法确定的时间变量。

这些特点在很多其他连续的工业过程中也同样存在，因此需要寻找一种可靠的控制方法，以有效解决这一类具有复杂性、非线性、交互作用、时变、具干扰及内部噪声的系统控制问题。由于上述过程很大程度上是不确定的，同时又不希望有太多的人为干涉，因此，很自然地考虑采用综合的智能方法以提高控制系统的柔性，也就是说能够从过程中抽取出描述系统的函数关系，并且通过调整这种关系来提高控制精度，这些均依赖于控制器的学习与推理能力。

包括冷轧工业在内的工业控制的目的，是控制当前过程的动态行为使其达到期望的状态。这种被控过程的闭环控制行为在很大范围的运行条件下存在。比如，如何控制具有强干扰以及噪声的过程行为。但实际的工业系统往往是多变量、非线性、时变、高维的系统，同时各过程变量间也存在着较强的交互作用，增加了系统的不稳定性。这种过程的复杂性导致了动态过程以及控制器在结构与参数范围上的不确定性，因此很难找到行之有效的常规控制方法。

经典的线性控制理论采用线性或者人工线性化的模型来进行控制，如 Astrom 和 Wittenmark 在 1990 年提出的方法。但是对于如冷连轧之类复杂的多输入多输出（MIMO）过程，要获得一个可以精确计算各种输入与输出并且容易使用的全局模型几乎是不可能的[14]。这是因为状态变量间复杂的非线性关系，过程参数随着时间而改变，一些物理量也很难测定。在用这类模型进行控制的时候，往往无法考虑饱和作用、时滞、死区、摩擦等因素。

过程的非线性与复杂性导致对系统的鲁棒性要求，但是在很多实际过程中，控制器对这种要求是无能为力的[15]。采用数学模型去对系统的各个方面进行控制的方法同样具有很大的不足。在一个时变的系统中，需要随时调整函数间关系，以保证系统朝着需要的目标运行，而固定的数学模型则无法达到这种要求。

此外，非线性控制需要对过程进行更多切合实际的复杂描述，常常采用非线性的微分方程表示，但另一方面，由于构建数学模型所需详细而完善的信息很难事先获取，建立一个完善的先验性数学模型可能性不大[15]，这也局限了该方法在实际工业控制中的应用。

正如 Sanner 和 Slotine[16] 指出的那样，控制的最终目的是建立一种方法论以解决一类控制问题。因此，这种方法论至少应该具有下述三方面的特性：

（1）需要有足够的内部信号处理结构，以生成必要的控制输入；

（2）具有适合动态过程特点的结构；

（3）控制器由有限个子部分组成，同时可以快速完成计算任务。

本书提出的动态智能质量控制器（DIQC）可以满足上述要求。该控制器基于模糊逻辑与神经网络等人工智能，结合输入－输出数据推导、参考模型、函数结构与参数调整功能，可以对包括带钢冷连轧过程在内的复杂工业系统进行在线智能控制。

1.5　智能控制在轧制工业领域的发展

智能控制主要包括采用神经网络、模糊逻辑推理、遗传算法、专家系统等智能方法进行控制。由于本书提出的方法是基于模糊人工神经网络的，因而主要对人工神经网络在轧制工业领域的发展作一简述。

人工神经网络是一个具有高度的超大规模连续时间动力学系统。其主要特征为连续时间非线性动力学、网络的全局作用、大规模并行分布处理及高度的鲁棒性和学习联想能力。同时它又具有一般非线性动力学系统的特征，即不可预测性、吸引性、耗散性、非平衡性、不可逆性、高维性、广泛连接性等。因此，它实际是一个超大规模非线性连续时间自适应信息处理系统。现代金属的轧制过程非常复杂，它涉及压力、速度、流量、温度等大量物理参数，以及弹性变形、塑性变形、热－力耦合等复杂过程、工件内部组织结构与性能的变化等多方面的问题。从控制的角度来看，金属轧制过程具有典型的多变量非线性特征。而神经网络在处理非线性结构性问题方面显示了突出的优点，是解决此类问题的强有力工具。

与传统方法比较，人工智能避开了过去那种对轧制过程深层规律的探求，转而模拟人脑来处理那些实际过程。它不是从基本原理出发，而是以事实和数据作依据，来实现对过程的优化控制。它解决问题的方式不同于传统逻辑思维的"算法"，其操作具有形象思维的属性，特别适合处理需要同时考虑许多因素、条件、不精确和模糊信息的问题。

以轧制力为例，在传统方法中，首先需要基于假设和平衡方程推导轧制力公式，研究变形抗力摩擦条件外端等因素的影响，精度不能满足要求时加入经验系数进行修正。而利用人工神经网络进行轧制力预报，所依据的是大量在线采集到的轧制力数据和当时各种参数的实际值。为了排除偶然因素，所用的数据必须是大量的、足以反映出统计规律的数据。

利用这些大量的数据，通过一种称之为"训练"的过程告诉计算机，在什么样的条件下什么钢种多高的温度压下量多大实测到的轧制力是多大，经过大量的训练，计算机便"记住"了这种因果关系。当再次给出相似范围内的具体轧制条件，凭借类比记忆功能，计算机就会容易地给出相应的轧制力。因为这个轧制力是基于事实的，所以是可信的。

这样，我们不必再去担心哪一条基本假设脱离实际，也不必怀疑哪一步简化处理过于粗糙，只要用一定的设备采集到真实可靠的数据，利用人工神经网络就可以得到精确度很好的计算结果。

一般来说，在金属轧制过程中，有以下几个方面可应用神经网络技术[17~20]：

（1）过程模型。当积累了足够的生产过程历史数据之后，就可以利用神经网络建立精确的神经网络数学模型。

（2）过程优化。一旦建立起过程模型，就可以用来确定达到优化目的所需要的优化的过程变量设置点。

（3）开环咨询系统。如将神经网络模型与简单的专家系统结合起来，网络从实时数据得到的优化结果可以显示给工厂的操作人员，操作人员可以改变操作参数以避免过程失常。

（4）产品质量预测。一般工厂，在产品完成一段时间后，才能从实验室里得到产品的质量检验结果，而神经网络模型可以实现在线预测产品质量，并及时调整过程参数。

（5）可预测的多变量统计过程控制。网络模型可用来观察所有有疑问的变量对统计过程控制器（SPC）所设置的控制点的影响。采用多变量控制，可以精确预测 SPC 图上的未来几个点的位置，可以较早地预测过程失误的可能性。

（6）预测设备维修计划。设备在连续使用中性能会降低。用神经网络可以监控设备性能，预测设备失效的可能时间，以制定设备维修计划。

（7）传感器监测。可用神经网络监测失效的传感器，并提供失效警报，而且当重新安装传感器后，网络可以提供合适的重新设置值。

（8）闭环实时控制。网络模型可以对复杂的闭环实时控制问题给出解决方法，预测和优化非常迅速，可以用于实时闭环控制。

目前在板带轧制过程中，应用神经网络技术已进行了大量探索性的研究工作，部分已取得成功并应用于工业生产。这些研究工作主要有：冷连轧机组下规程设定、多辊轧机板形控制、利用 BP 网络进行板形识别、综合利用神经网络和模糊逻辑进行板形控制、利用自组织模型进行操作数据分类、利用神经网络预报冷轧轧制压力、利用神经网络识别轧辊偏心、神经网络用于轧机的自动控制、利用神经网络预报轧件出口厚度等。

1.5.1 国外发展情况

近年来，随着对神经网络控制问题研究的不断深入，具有处理非线性及不确定问题独特性能的神经网络已进入轧制过程自动化领域，并取得了一些可喜的进展。国外在神经网络、模糊控制、专家系统等人工智能的应用方面，已经开展了比较深入的工作。特别是日本和德国，在轧制领域中多有建树，对轧制过程的改进作出了很大贡献。

在德国，西门子公司使用人工神经网络来提高宽带热连轧设定值的精度。特别是 1995～1996 年，西门子公司的研究者们多次发表文章介绍他们的研究成果。热连轧的设定值一般是通过数学模型计算得出的，但模型对工艺过程的描述并不一定完整和精确。因此，必须不断地修正模型参数以适应实际生产过程，但这种方法的能力是有限的。新方法可以通过采集许多实际工艺数据而认识它们之间的关系，它通过"观察"工艺过程而积累经验，能够弥补常规数学模型的不足。据介绍，西门子公司将神经网络应用于轧制过程的自动控制，进行轧制力预报带钢温度预报和自然宽展预报，使轧制力预报精度提高 15%～40%，温度精度提高 25%。西门子公司已将具有上述神经网络功能的过程控制系统安装在德国（Thyseen）、奥地利（Voest – Alpine）、美国（Gallatin）、韩国（Hanbo）及墨西哥（Hylsa）等国钢厂的热连轧机上。为了提高精轧机组轧制力预设定精度，1994 年 10 月 N. Portman 等在德国 Krupp – Hoesch 钢铁公司 Westfalen 热轧厂的热带钢连轧设定计算中采用了神经网络这一新的信息处理工具，并将一般的自适应数学模型与人工神经网络结合起来用于轧机的自动控制，取得了很好的效果[21]。

20 世纪 90 年代后，日本学者和工程技术人员在轧钢人工智能应用方面做了大量的工作，有关报道逐渐增多。丰富达等应用神经网络进行冷连轧机组压下规程设计，中岛正明、片山恭纪等开发了神经网络－模糊板形控制系统。神经网络用于被控对象（板形）的特征识别，将识别的结果作为模糊控制的输入或前提部分，经过模糊推理，其结论部分作为推理输入或控制指令。该控制系统应用于森吉米尔轧机，取得了较好的效果，实际板形与目标板形的偏差平均值由原来的1.8%减小到 1.4%。日立公司的 Masahiro Kayama 等将神经网络和模糊控制用于开发"日立自组织诊断和分析系统"，用于支持操作人员以提高钢铁生产企业的管理效率，并将其用于连续镀锌生产中的镀层质量预报模型。结果表明，采用该诊断和分析系统后，镀层质量预报精度得到明显改善，提高了控制精度。

除了日本和德国外，其他各国轧钢工作者也在人工智能应用的各个方面展开了研究工作[22~26]。1994 年美国伯利恒钢铁公司的 S. W. Marward 等人开发了热浸镀锌线镀层重量综合控制系统，自 1994 年 11 月投入运行，取得了良好的效果。1994 年 6 月，Wiklund. o 建立了运用人工神经网络优化轧制精度，从而控制带钢的表面质量和平整度的模拟系统。Larkiola 于 1994 年出版著作《Materials Processing in the Computerage》，其中部分章节运用人工智能网络研究冷轧过程中的压下量、轧制速度、前后张力、变形抗力等因素对摩擦系数的影响，1996 年他将物理模型与神经网络结合起来预报冷轧轧制力，1997 年他又将物理模型与此人工神经网络结合起来，优化冷轧带钢过程中的工艺参数，并预报轧后带钢的性能，从而提高了尺寸精度和轧制效率。1996 年 2 月，Liu. Z－Y 运用人工神经网络预报了热轧 C－Mn 钢的力学性能。1996 年 9 月，Jun. J－Y 综合运用模糊理论与神经网络理论，研制了 9 机架冷连轧机的模拟工具。1996 年 12 月，Straub 提出运用基于 Lyapunov 稳定理论的人工神经网络，可以解决轧制系统的非线形动态控制问题。1996 年 12 月，Pu. HJ 运用人工神经网络，研制了 Sendzimir 轧机的厚度和板形的综合控制系统。1996 年，Liu. H－J 把传统模式识别与人工神经网络综合起来优化硅钢的退火工艺。1997 年，Myllykoshi 运用 MLP 人工神经网络模型来确定带钢预设定时的工艺参数并用来预报轧后的质量参数。

最近，澳大利亚伍伦贡大学 K. Tieu 教授带领的研究组在用遗传算法优化轧制规程、利用神经网络预报轧件出口厚度等方面开展了一系列工作，引起了人们的关注。

1.5.2 国内发展情况

我国近几年开始将神经网络技术应用于钢铁工业。宝钢在连铸生产中应用神经网络进行漏钢预报。神经网络漏钢预报系统在预报精度等方面优于原来的漏钢预报系统，而且经过一定时期的在线应用，该系统性能稳定，抗干扰能力强，实时数据采集的信息容量大，已初步具备了替代原有预报系统的条件。1994 年周旭东、刘建昌等利用钢模型神经网络进行板厚和板形的综合控制，模拟结果表明可以给出良好的控制精度。1997 年 4 月，王邦文等建立了基于人工神经网络的铝箔轧制力模型，结果表明，采用神经网络轧制力模型的计算值与实测值相比偏小 3%[27]。

东北大学轧制技术及连轧国家重点实验室在国内率先进行包括神经网络、模糊控制和专家系统在内的人工智能技术应用于轧钢过程的研究，并取得了重要的成果。

1995 年，刘振宇、王昭东等人应用神经网络预报热连轧带钢组织性能。在系统分析了描述钢材显微组织与力学性能之间关系的各种强韧化机制的基础上，建立了热轧带钢显微组织与力学性能以及热轧工艺参数与力学性能对应关系的神经网络模型。开发的神经网络模型能够对钢材强度、韧性等指标进行精确的预报，克服了传统经验公式的缺点。

1995 年 11 月，孙晓光等开发了热轧带钢精轧机组负荷分配的协同人工智能设定模型。首次采用了协同人工智能方法解决负荷分配问题，提出了把模型理论、专家系统、人工神经网络及智能化算法综合应用，构成一个新的负荷分配方法。在研究中对这个智能系统进行了理论探讨，并联系实际进行了大量的运算，证明了这种方法的科学性、实用性和可靠性[28]。

1996 年 1 月，李元等人运用 BP 神经网络模型，高精度地预报了热连轧精轧机组轧制力，预报精度优于传统方法[29]。

1997 年，杨俊、邸洪双等建立了 UC 轧机板型智能预报控制系统。提出了一种新的基于非线形滑动自回归模型的板型在线控制动态模型的神经网络建模方法，改善了轧制过程中板形的在线预测精度。同时首次将滚动优化概念引入到板形控制系统中，给出了一种简单可行的板形控制动态模型在线学习修正及利用在线板形预测误差对板形控制实时反馈校正的新方法，增长了板形控制系统对轧制过程各参数变化及扰动的适应性。

1998 年 3 月，吕成等人将 BP 神经网络与数学模型相结合，高精度预报了热连轧精轧机组的轧制力，达到了在线控制的要求[31]。同年 6 月，蔡正等人利用同样的方法，高精度预报了带钢的卷取温度，达到了在线应用的要求[30]。

1998 年 7 月，孙晓光等人利用遗传算法对 BP 网络结构和权重进行了优化，建立了遗传——BP 算法混合系统，通过负荷分配的实例计算表明了该算法的有效性[28]。

1998 年 9 月，李俊等人采用 BP 网络建立了热黏塑性材料的本构关系，能够满足工业应用的需要[32]。

1999 年 2 月，张志辉等人在建立训练及预测数据模式库的基础上开发了轧制力预报人工神经网络软件，同时对实际生产中的历史数据进行了在线模拟，达到了较高精度。

2001 年 4 月，贾春玉等人提出一种基于神经网络模糊推理的自适应板形控制（AI – AFC）方案，并将其引入森吉米尔 20 辊轧机的板形控制系统。

2003 年 2 月，任海鹏等人采用模糊神经网络对六辊 UC 轧机轧制过程中的混沌现象进行预测并采用逆系统方法对其进行控制。

2005 年 12 月，韩丽丽等人用基于 Matlab 人工神经网络工具箱方法，采用改进的 BP 网络 LevenbergMarquardt 训练规则，优化计算 4200 中厚板轧机轧制温度，使 4200 中厚板轧机轧制温度的预报精度大为提高。

2006 年 12 月，谭文等人采用有限元（FEM）程序模拟计算了中厚板轧制过程中的温度变化，将神经元网络模型应用于中厚板轧制过程中轧件表面温度变化的在线预报。

2007 年 2 月，谭文等人又在用神经元网络对屈服强度和抗拉强度建模的基础上，结合粒子群优化算法对粗轧开轧温度、中间坯厚度、终轧温度、终冷温度及冷却速率等生产工艺参数进行了优化[33]。

综上所述，人工智能技术，尤其是神经网络技术在板带生产中已经取得了初步的应用。实践结果表明，产品质量和生产自动化程度有了较大的提高。这说明神经网络技术在轧钢领域中有着良好的应用前景。随着神经网络技术本身的发展和轧钢行业中高新技术应用范围的扩大，以及随着神经网络在预报计算机中的应用研究取得成效，可以预见，必将有更多的研究者致力于神经网络在实时轧制控制过程中的应用研究。

1.6 本书所解决问题

本书以攀钢冷轧厂酸轧生产线控制过程为背景，在分析、借鉴大量国内外相关文献的情况下，针对前述冷轧工业的复杂性、耦合性、非线性、时变性等特点，以提高冷轧生产等复杂工业过程控制的智能化及抗干扰能力为重点，以模糊神经网络为基础，提出动态智能质量控制（DIQC）方法。书中具体解决以下问题：

（1）分析了模糊神经网络控制在整个智能控制方法中的地位，并对相关的智能控制理论及经典的自适应控制进行比较分析；

（2）讨论了神经网络全局逼近性质以及参变量的局部性与线性特征；

（3）研究了数据处理的通用性以及最优化方法；

（4）提出了基于模糊神经网络的动态智能质量控制器（DIQC）的网络动态构建方法以及解决偏差/方差两难问题的可行方案；

（5）提出了动态智能质量控制器（DIQC）的在线学习条件与反馈结构；

（6）对智能控制的许多重要方面，如全局控制、持续激励的条件、为使全局闭环稳定而界定的学习率等问题进行了研究，并提出了各种可能的解决方案；

（7）对模糊推理的一些特殊性质，如隶属度计算方法的选取、T - norm 算子以及控制器中成员函数的全局作用进行了研究。此外，还对 ε 完备条件及模糊相似计量进行了分析；

（8）对冷轧工业过程数据收集与跟踪方法进行了讨论；

（9）采用仿真技术，将提出的动态智能质量控制器（DIQC）应用于钢铁工业冷轧过程中，对钢板的厚度控制、扭振控制、来料硬度及偏心干扰控制等方面进行了研究。同时，将结果同传统的 PID 及 CCNC 方法进行对比；

（10）对本书所提 DIQC 方法的泛化能力进行了探讨。

本书提出的动态智能质量控制器创新方面有：

（1）提出了使用模糊相似度量为合并重叠输入隶属函数的剪枝算法。

（2）提出了在最大输出误差点添加新隶属函数的构造性算法。

（3）采用能覆盖全部输入变量空间的隶属函数，以满足 ε 完备性要求。

（4）通过向控制器和参考模型输入同样的含噪声信号，使激励保持固有的电平，从而实现全局控制。

（5）优化设计方案采用系数最优的方法，将全局过程转移函数变换到期望的映射。采用含系统过滤器形式的参考模型，相当于用系数最优标准来保证期望的过程动态特性变化。

2 智能算法与工业控制

2.1 概述

本章对智能算法的发展作一简要介绍，重点探讨神经网络、模糊逻辑推理系统以及它们与智能控制的关系，分析这两种算法之间的异同及其在智能算法中的地位，同时涉及一些现代人工智能与智能控制的不同领域。

2.2 人工智能（AI）

人工智能是机器模仿人的思维过程。其实现条件有二：智能推理与实现方法。计算机通常被认为是可以演绎这些推理的最好工具。

人工智能思想最初是由 McCulloch 和 Pitts 提出的。这种智能思想主要源于三方面：脑神经的生理结构与功能、拉塞尔和怀特黑德的逻辑以及图灵的计算机理论。McCulloch 和 Pitts 提出了人工神经元模型，在这个模型中，每个神经元被分成"on"和"off"两类状态，当受到相邻神经元一定程度的刺激时，该神经元可转为"on"状态。McCulloch 和 Pitts 证明了任何可计算的函数均可被由众多神经元相连构成的神经网络所辨识，逻辑上的关联可以用一些简单结构的网络来实现。McCulloch 和 Pitts 也提出：一个适当定义的网络应具备学习能力。1944 年，Hebb 提出了一个简单的更新规则，该规则通过修正神经元间的连接强度来实现网络的学习功能。1956 年夏，John McCarthy，Marvin Minsky，Claude Shannon 和 Nathaniel Rochester 等学者汇聚到 Dartmouth 大学，组成了一个为期两个月的人工智能夏季研究组，讨论有关自动控制理论、神经网络、智能学习等问题，此后这里被认为是人工智能的正式诞生地。McCarthy 给这一新的研究领域命名为"人工智能"（Artificial Intelligence，简称 AI）。在这个研究组中，人工智能被定义为"人工智能是企图模仿人类思维过程的计算机程序"。

2.3 神经网络与控制

本节对神经网络的发展历史作一简要回顾。对于神经网络的基本理论本节予以忽略。关于这些理论国内外都有大量优秀专著。

如前所述，现代的神经网络开始于 McCulloch 和 Pitts 的先驱工作。早在 1943 年，美国心理学家 McCulloch 和数学家 Pitts 就联合提出了形式神经元的数学模型，即 M-P 模型，从此开创了神经科学理论研究的新纪元。M-P 神经元模型如图 2-1 所示。1949 年，心理学家 Hebb 又提出了改变神经元间连接强度的 Hebb 规则，它至今仍在各种神经网络模型中起着重要作用。

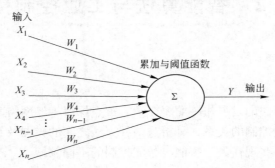

图 2-1　M-P 神经元模型

　　早期基于神经网络的控制论和控制原理采用负反馈作为学习模型。1952 年，Ashby 提出，采用自平衡装置并经过详尽的搜索计算可以创造智能。

　　1951 年，人工智能之父 Minsky 和 Edmonds 制造出第一台真正的神经网络机器——感知器。其后，Minsky（1954 年）又引进"再励学习"——一个从动物学文献中借用来的术语——继续他的研究工作。具有讽刺意味的是，正是 Minsky 引导人工神经网络的研究在 20 世纪 70 年代走进低谷。"再励学习"先后被 Waltz 和 Fu、Michie 和 Chambers 各自介绍并应用于控制工程中。Selfridge 在他的伏魔殿系统（Pandemonium system）中采用了类似于神经网络的分布式控制体系。Cragg 和 Temperley 将 M-P 神经模型并轨到物理学的"旋转系统"中。1961 年，Caianello 设计出基于分类统计机的神经网络统计学习理论。

　　1957 年，计算机科学家 Rosenblatt 用硬件完成了神经网络模型，即感知器，并用来模拟生物的感知和学习能力。该感知器是不含隐层的单层神经网络。Rosenblatt 在他有关感知器的研究著作中提出了模式识别问题的新方法，这是一种新的监督学习方法。感知器收敛定理使 Rosenblatt 的工作取得圆满的成功。他于 1960 年提出感知器收敛定理的第一个证明。1960 年，电机工程师 Widrow 和 Hoff 介绍了最小平均平方（least mean square，简称 LMS）算法并用它构成了自适应线性元件 Adaline（adaptive linear element）。感知器和 Adaline 的区别在于训练过程不同。1963 年，Windrow 和 Smith 设计出第一台神经网络控制器。

　　早期对于神经网络的研究大多着眼于单层感知器，不过也有一些例外。1962 年，Widrow 设计了多层自适应线性网 Madaline；其他如 Palmieri 和 Sanno、Gamba 等人也对多层神经网络进行了研究。但在 1969 年，Minsky 和 Papert 发表了《感知器（Perception）》一文，标志着这一研究时代的结束。Minsky 和 Papert 指出，感知器毫无科学价值而言，连 XOR 逻辑分类都做不到，只能作线性划分。他们建立了可以由单层感知器完成的线性可分准则，并将早期研究中的一些失败归结于违反这些准则所致。由于 Minsky 在学术界的地位和影响，该报告直接导致美国政府取消对神经网络研究的资助，故其后若干年内，这一研究方向一直处于低潮。整个学术界将对人工智能的兴趣广泛转移到研究专家系统问题之上[35]。

1982 年，生物物理学家 Hopfield 用能量函数的思想，提出一种由具有对称连接的递归网络执行的新计算方法，开始了神经网络研究的复兴。Hopfield 详细阐述了自组织映射网络模型的特性，对网络存储器描述得更加精细。他提出这种算法是将联想存储器问题归结为求某个评价函数极小值的问题，适合于递归过程求解，并引入 Lyapunov 函数进行分析。Hopfield 的研究取得了重大的突破，他向美国科学院提交了关于神经网络的报告，其主要内容是建议收集和重视以前对神经网络所做的众多研究工作，并指出了各种模型的实用性。Hopfield 提出的这类具有反馈性质的特殊神经网络在 80 年代引起了广泛关注，即著名的 Hopfield 网络。尽管 Hopfield 网络不可能是真正的神经生物系统模型，但它们包含的原理——在动态的稳定网络中存储信息——是极深刻的。

1986 年，D. Rumelhart 和 J. McClelland 出版了具有轰动影响的著作《并行分布处理——认知微结构的探索》，提出了用于前向神经网络学习训练的误差逆传播算法（Back Propagation，简称 BP 算法），该书激起了众多人工智能研究者的兴趣，它的问世宣告神经网络的研究进入了新一轮高潮。

事实上，早在 Rumelhart 之前的 1969 年，Bryson 和 Ho 就已经在他们的《实用最优控制》一书中介绍了 BP 算法，之后又多次被其他研究者提出。

在神经网络发展的低谷阶段，仍然有一些学者继续神经网络问题的研究，主要成果有：

（1）1974 年，美国波士顿大学的 S. Grossberg 和 Carpenter 提出了自适应共振理论 ART 网络。

（2）1975 年，Albus 提出小脑模型关节控制器（Cerebellar Model Articulation Controller，CMAC）。CMAC 算法与模糊逻辑推理系统有很大的相似性，后面还将对其进行分析。

（3）1976 年，Willshaw 和 Malsburg 提出了"地形图"的自形成模型。

（4）1977 年，Andersen 等人提出了 BSB 神经网络模型（Brain – State – in – a – Box），该模型与 Hopfield 神经网络极为相似。两者都是全连接神经网络，但是相对 Hopfield 网络而言，BSB 网络还有自连接。

（5）1982 年，芬兰赫尔辛基技术大学的 T. Kohonen 提出自组织映射理论。Kohonen 的网络模型与 Willshaw 和 Malsburg 提出的自形成模型异曲同工。

此外，还有日本学者福导邦彦（K. Pu kushima）提出了认知机（Neocognitron）模型；日本学者甘利俊（ShunIchi Amari）则致力于神经网络有关数学理论的研究等。这些研究成果对以后神经网络的研究和发展都产生了重要影响。

此后，神经网络的研究又进入第二个高潮阶段。1984 年 Hinton 等人借助统计物理学的概念和方法，提出了 Boltzmann 机（BM）网络模型。在节点的状态变化中引入了概率和隐节点，并用模拟退火算法（SA）进行学习。Boltzmann 机与磁自旋玻璃原理结合建立起统计学机器与神经网络间的联系；Boltzmann 机与协调论（harmony theory）结合构成热力学模型典范。这些方法具有很多相通之处。他们均采用由 Boltzmann 方程设定值的二元节点。与此同时，Barto 等人发展了 Michie 和 Chambers 的理论，用再励学习的神经网络来实现倒立摆的平衡控制，证实了神经网络应用于控制领域的可行性。

自第一个人工神经网络感知机出现以来，提出的神经网络有数十种之多，均得到不同程度的发展和应用。主要的有：

（1）径向基函数神经网络（Radial basis function，RBF）。RBF 网络与模糊神经网络有很大的相似性，其后还将进行讨论；

（2）双向存储联想模型（Bi – directional associative memories，BAM）；

（3）B 样条神经网络（B – splines nerwork），B 样条神经网络与模糊逻辑推理系统极为相似，后面将作进一步的探讨；

（4）对传神经网络（counter propagation network）；

（5）功能连接网络（functional link nerwork）。

网络连接的拓扑结构不同，作用也不同。不少学者对此也做了研究。比如综合反馈与前馈的闭环反向传播神经网络。同时，也有很多研究者致力于改进反向传播（BP）的算法。比如在权调节向量中增加惯性量，delta – delta 规则，Fahlman 的快速算法 Quickprop，附加冲量项调整权值，自适应学习率调整。

从上述神经网络的发展历史可以看出，尽管神经网络与控制的起源不同，但是两者在思想上相互借鉴，融会贯通，共同发展。

神经网络早期主要被应用在信号处理计算领域，比如模式、速度和图像的识别。其后，神经网络被广泛应用于控制系统[36~51]。

2.4 模糊逻辑推理系统与控制

本节简要介绍模糊逻辑推理系统与模糊控制的特点，并指出它们与经典专家系统之间的区别。

模糊理论是由美国加州大学柏克莱分校的 L. A. Zadeh 教授提出的[52]。1965 年，Zadeh 在探讨人类主观思考过程中定量化处理的方法时首先提出了模糊集合（fuzzy sets），其后，模糊逻辑作为一种智能工具，逐渐成为专家系统的补充。模糊逻辑与布尔型逻辑或者明确逻辑（crisp logic）不一样，它常用来解决不确定、不精确性问题。模糊逻辑模仿人类思维过程，在面对自然问题时常常作出大略的而不是精确的量化处理。在基于布尔逻辑的经典集合理论中，其对象的取值是非此（1）即彼（0）的。但是在模糊集里，是利用隶属函数取得各规则的适合程度，隶属度的值可以从 0（完全不属于该集合）到 1（完全属于该集合），然后综合考虑各规则下的隶属度，得到合理的推论，即使不完全满足规则前提条件，也能依据隶属度的高低比较得到较好的推理结果。这种特性使模糊逻辑成为解决不确定性问题的良好工具。关于模糊逻辑原理也有不少优秀的专著，如 Lee[53] 还有 Driankov 等人[54] 的著作。

最早将模糊理论引进控制领域的学者是伦敦大学的 Mamdani 教授，1974 年，Mamdani 以研究室制作的蒸汽引擎模型为对象，验证了模糊控制的可行性。引发 Mamdani 教授尝试模糊控制的动机是 Zadeh 教授在 1973 年发表的关于系统语意式分析的一篇文章。在该文中，Zadeh 教授提出一种含有模糊性语意式记述系统的方法论，用来表达在处理系统的复杂性与资料不完整性情况时的判断思考。Zadeh 的方法融合了规则库专家系统的方法，同时使用了模糊集理论及控制理论。

模糊控制与经典的基于数学模型的控制过程不同[54]。经典的控制方法常需对真实系统建立数学模型以作精确的数值计算处理，一般是以一个或多个微分方程来表述控制系统的响应。这类控制系统常用 PID 控制器来实现。虽然这种方法能精确地控制系统，但是在遇到复杂、大型的控制系统或者需要操作者的相关知识经验时，则必须花费大量的人力、时间去构建数学模型，甚至有可能因系统过于复杂而无法构造出模型。而模糊控制则是模仿人的思维方式，利用简单的"IF - THEN"规则去描述系统，以达到系统控制的目的。很显然，这是一种典型的专家系统，它的着重点在于人类解决该类问题的办法和经验，而不在于被控过程本身。因此，模糊控制常被用来解决那些复杂的、不确定性过程的控制。这类过程常常无法用精确的数学模型去描述，或者虽然能描述但构建模型成本太高，但这类过程却可以由操作者较好地用手工进行控制。

众所周知，无论是人还是机器，如果不具备足够的关于被控系统的知识的话，根本无法对该系统进行良好控制。而模糊控制却声称是一种无模型控制。也许人们会对此产生疑问，并因此导致对模糊控制的误解。事实上，正如 Passino 所指出的那样：所有对被控过程的了解及相关知识其实都隐含在控制者的控制操作规则上，并在其选择应对方法的过程中得到体现。

在模糊控制理论中，控制规则是以"IF…THEN"这一语意式规则来表现的。它具有两个特点：

（1）它是定性的而非定量的，这种规则可以由模糊集来体现。

（2）它具有局部性，只与特定情境下的特定行为有关。

虽然模糊控制的规则是用定性的语意式来描述的，但是最终结果却需要用确定的数值来表示，这是由控制过程的数值性决定的[54]。

关系函数和逼近理论给模糊集与模糊关系提供了数值化的工具。而基于模糊集合理论的规则结构又使模糊控制成为可能。模糊集合理论、逼近理论、可行性原理不仅给模糊控制提供了理论基础，同时在人工智能（AI）与控制工程之间搭建了一座桥梁。

一个实际的模糊控制系统执行过程可以分成三个阶段：

（1）知识获取。知识获取是根据样本数据抽取出控制规则集；

（2）知识表现。模糊控制系统中的知识表现用以解决语意式规则的数值表现问题；

（3）推理。推理过程是由输入数据推导出合理的输出结论。

由专家或控制人员提供的某一特别领域相关知识常常是定性的，包含很多不确定因素，因此，知识表现和推理都必须是模糊或者近似的。近似推理可以看成是这样一个过程：由众多不确定性前提推导出一个不确定的但是合理的结论。

经典模糊控制的基本要求之一是拥有一个专家，该专家对被控问题的所有知识都了然于胸。然而，在实际工业控制过程中，往往不存在这样的专家；在很多情况下，被控过程的相关控制规则也难以获得，譬如那些复杂的或者不确定的控制过程。在这种情况下，往往要求能够在控制过程中自动构建出有效的控制规则。

因此，模糊控制理论分化成两条发展道路：基于模型的模糊控制理论和基于学习的模糊控制理论[54]。前者与经典的自适应控制理论紧密联系，而后者则更多地依赖于机器学习和人工智能。虽然两者均被认为可以达到知识获取的目的，但前者是以隐蔽的方式获取，而后者则以直接的方式得到。

（1）基于模型的模糊控制。这种方法建立在被控过程输入和输出的函数关系上，这些函数关系是以一系列"IF – THEN"形式的规则或者关系表达式表示的，即模糊模型。一旦模型被确定，就可根据该模型设定控制规则或者控制方程。它与经典的间接适应控制极为相似，都包括模型辨识与控制设计两个阶段[55]。不过模糊控制是用模糊逻辑来刻画对过程的控制，而不是用因果关系。在设计控制器时，闭环也是依据模糊规则设计的。

（2）基于学习的模糊控制。基于学习的控制方法是在控制那些非确定性问题的过程中，试图通过不断地重复操作，来模仿人类学习能力。1979年，由Procyk和Mamdani[56]提出的语意式自组织控制器（SOC）就是一种基于学习的模糊控制器。在SOC中，Procyk和Mamdani根据关系平衡原理，在基本的模糊控制器上添加了一个反馈回路。当需要扩展或者修改原有规则时，只需对控制器的关系矩阵进行修改。当控制器在线工作时，测量数据通过PIT显示，并通过它来创建或者修改规则。在一个控制过程中，SOC 可以从最初的空规则库，逐步构建出一个合适的规则库，根据 PIT 测量值对其进行逐步调整，最终获得满意的控制效果。因此，当对某一被控过程的"a - prior knowledge"（先验知识）不足时，规则库可以通过学习进行自建。SOC 较以往控制方法的重大进步在于：可以在不依靠专家的情况下通过自学习获取所需知识。但是，像所有那些基于模型的控制一样，即便被控过程是单变量系统，SOC 也会形成一个高维工作空间，因此，面对那些多变量的被控过程时，SOC 往往会显得有些力不从心。

2.4.1　模糊推理机

　　模糊推理的目的是根据某一特别情况推理出一个相应的合理行为。模糊逻辑常用一些模糊语言来表述状态，如"X 很大"。模糊逻辑以及基于模糊推理的逼近方法，面对的是一个依靠模糊逻辑关系构成的整体，因此，模糊推理是一个全局性推理。以"是""否"表现的二值逻辑推理根据前提是否满足来进行判断，与它相反，模糊推理则是基于多值逻辑的近似推理。在这个过程中，根据满足前提条件的程度来获得相应的结论。

　　在模糊控制过程中，通常根据确定性的数值信息，使用数学函数来计算权值。基于模糊推理的模糊控制过程一般包括两个阶段：匹配与校正[54]。匹配阶段是指判断问题满足模糊条件的情况，即满足 IF 条件情况，由此得到对模糊规则的满足程度。校正阶段则是根据那些新增约束条件修正模糊推理的结果，将局部模糊推理结果有机地组合起来，获得全局模糊推理结论。在 Takagi - Sugeno 模糊推理理论中，校正和全局推理是揉合在同一个过程中的。

　　能否扩展规则或得到逼近函数是由模糊推理决定的。对于某个问题，如果数据库中已有相应的规则，则根据已有规则进行推理；如果数据库中没有相应规则，则由推理机推导出一个近似的解决方案。因此，模糊系统可以被看成是一个语意式修正表，在类似的情境下它可以提出类似的方法。

　　模糊推理主要可分成两类。一种是 Mamdani 型推理[57]，另一种为 Takagi - Sugeno 型推理。

　　Mamdani 型推理的形式是：

$$\text{If } x \text{ is } A \text{ and } y \text{ is } B, \text{ then } z \text{ is } C \qquad (2-1)$$

Takagi - Sugeno 型推理的形式是：

$$\text{If } x \text{ is } A \text{ and } y \text{ is } B, \text{ then } z = f(x, y) \qquad (2-2)$$

在简化的 Takagi - Sugeno 型推理中，z 为常量。

　　Mamdani 型推理根据最大最小的模糊逻辑来进行推理，而 Takagi - Sugeno 型推理则是以调整权值的形式进行推理的，也即根据规则，在局部控制器的输出值间进行插补计算[54]。很多神经网络与模糊逻辑的混合算法均采用 Takagi - Sugeno

型推理[58~64]。当然，Mamdani 型推理的应用也很广泛[65~67]。

2.4.2 模糊逼近计算

在将模糊逻辑推理系统应用到需要用精确数据表示的控制过程中时，有两个步骤是必不可少的，即模糊化与去模糊化[54]。

模糊化过程就是将用确定值表示的参数 x 转化成语意式的模糊值 X。这种转化是根据模糊集理论确定合适的隶属函数来实现的。去模糊化过程则是将模糊计算的结果值 Y 转化成以确定值表示的 y。模糊系统内部也存在着相关性，$Y = F(X)$ 表示从模糊集 X 到模糊集 Y 的映射。从初值 x 到终值 y 之间的映射以函数 $y = f(x)$ 表示，其中 $x \in X$，$y \in Y$。模糊系统相当于一个逼近函数，规则库与联合推理机决定了它的可扩展性，因此，可以将模糊系统看成一个黑箱，它有其特有的表现方式及推理机制，可以被用来描述那些未知的非线性函数[54]。

目前，作为一种重要的人工智能工具，模糊逻辑已被广泛应用于过程控制、预测及模式识别等领域[68~74]。

2.5 模糊神经网络

本小节将对模糊逻辑推理系统和神经网络的共性进行分析，并探讨由不同的组合方式形成的不同混合模糊神经网络。

模糊系统与神经网络的起源以及最初的提出动机均不相同。模糊系统试图模仿人类认知过程中的思维方式及推理能力，而神经网络则企图模拟人类大脑思维过程的生物机能。但另一方面，当它们被用来解决工程问题时，均可以通用语意式来描述。

从知识处理的角度来看，神经网络在诸如表现方式、推理及知识获取等众多方面，与模糊逻辑推理系统类似[75]。

模糊逻辑与神经网络的对照为：

（1）表现方式与结构：训练好的神经网络可以被看成一个知识表现的工具。在模糊逻辑推理系统中，知识是用一系列"IF – THEN"语意式的局部关系来表现的。与此不同，神经网络则可以在它结构的任何部分储存信息，尤为特别的是，对于分布式或局部网络，这些知识信息可以用它的连接权值以及处理单元（隐节点）来体现。

（2）推理与信号处理：在神经网络中，前馈型信号处理扮演的角色类似于模糊逻辑推理系统中的前向推理。两者均可进行知识积累，以达到根据输入获得期望输出的目的。它们的主要特点是：在面对超出知识范围的新情况时，均可采用相应的逼近方法。区别是：在模糊逻辑推理系统中，逼近计算基于可扩展的逻辑推理，而神经网络则采用泛化的数值逼近。

（3）知识获取与知识学习：模糊系统主要运用模糊逻辑理论，通过本领域的专家来获取知识，而神经网络则常常通过对样本数据的训练来获取知识。

如上所述，在数值环境中处理问题时，模糊逻辑推理系统常包含三个部分：模糊化、推理机、去模糊化。这些过程通过输入输出的隶属函数以及规则库来实现。这种结构相当于神经网络中的层次结构，神经网络中的隐层扮演着类似于模糊逻辑推理系统中规则库的角色。如果将神经网络中的输入输出值限制在 [0,1] 之间，则隶属函数相当于神经网络中的权值。不过，在模糊逻辑推理系统中，权值是模糊数，而神经网络中的权值则是确定值。因此，将两种方法结合起来或者用一种方法去替代另一种方法中的某一部分还是相对容易的。

对于模糊逻辑推理系统获取知识的某些本质问题，譬如如何获得隶属度，如何构建模糊集，如何创建推理规则在很大程度上仍然没有通用的解决办法。经典方法中，同专家系统的构建方法一样，规则库和模糊集是由已有的专家知识来确定的。此外，经典的模糊逻辑推理系统是非适应性的[54]。

因此，目前国内外研究者将更多的兴趣转到了如何将模糊逻辑推理系统与神经网络有机结合方面[61~63,65~67,76,77]。这些研究工作的最大阻力在于：在那些预先确定结构的情况下，神经网络对模糊逻辑推理系统的适应能力，也即参数学习问题。同时，也有研究者试图解决结构生成与适应问题[62,66]。对于这些问题，后文将继续进行讨论。

关于模糊神经网络在控制工程中的应用，目前主要存在着以下一些问题。

（1）动态变结构学习与静态定结构学习。在定结构学习网络中，结构的各个部分如节点数和网络层数在训练过程中均保持不变。学习目的只是在假设现有网络结构可以较好体现期望函数关系的前提下，解决连接权值修正问题。与此相反的是，动态变结构学习网络可以根据输入数据自动调整节点数等结构参数，整个网络结构可以动态变化。后面将对此作进一步讨论。

（2）全局学习与局部学习。根据需要，通过提供全局知识或特别知识，模糊神经控制器可以实现全局学习或特别学习。当模糊神经网络用于控制前向型过程时，通常需要进行全局学习。相反，如果它用于直接控制，则该模糊神经网络控制器就不太可能是全局学习的，而需要针对一系列特殊情况（如不可预见或者时变等）进行特殊学习。后面将对其进行详细探讨。

（3）在线学习与离线学习。在控制过程中，不仅希望而且必须进行在线学习或称实时学习。因此，实时学习最关注的问题就是找出简单有效的学习算法。后面将作进一步研究。

构建一个可学习模糊神经网络的方法很大程度上取决于它在整个控制系统中扮演的角色。与模糊逻辑推理系统及神经网络相类似，模糊神经网络也可作为某个总体控制方案的一部分，在控制过程中起着前向或反向模型的作用。直接反向控制、内部模型控制以及各种预设的控制方法均可实现[65]。

例如，在仿射非线性动态过程中，模糊神经网络可以用作前向模型，以消去过程的非线性特性，从而实现输入输出线性化。在这些控制过程中，假如学习所需样本足够多，则作为前向或反向模型的模糊神经网络可以用在线或离线学习的方式构建。神经网络用于控制中的情形与此相同[14,75,78~81]。

模糊神经网络作为直接反馈控制器，还有一个问题需要解决，即：训练规则如何确定。在设计控制器的算法库时同样面临着这个问题，这个问题等同于在神经网络控制器中，训练样本如何得到。因此，在模糊逻辑推理系统中缺少确定控制规则的专家相当于在神经网络中缺少训练样本。在这种情况下，无论是模糊逻辑推理系统，还是神经网络，或者模糊神经网络，都不可能有好的解决办法。因为构建这些系统时，控制规则或者训练样本是必不可少的。

神经网络主要通过指导式（有教师）学习算法和非指导式（无教师）学习算法。此外，还存在第三种学习算法，即再励学习算法；可把它看做有教师学习的一种特例。

有教师学习算法能够根据期望和实际输出（对应于给定输入）间的误差来调整神经元间连接强度或权值。因此，有教师学习需要有个老师或导师来提供期望或目标输出信号。有教师学习算法的例子包括 Delta 规则、广义 Delta 规则或反向传播算法以及 LVQ 算法等。反向传播算法（BP 算法）是首先识别由其他网络提出的过程模型，再把误差信号按原来正向传播的通路反向传回，并对每个隐含层的各个神经元的权系数进行修改，使误差信号趋向最小，经过反复调整网络的连接权，直到网络全局误差小于设定值或训练次数达到预先设定值，整个训练过程结束。

无教师学习算法不需要知道期望输出。在训练过程中，只要向神经网络提供输入模式，神经网络就能够自动地适应连接权，以便按相似特征把输入模式分组聚集。无教师学习算法的例子包括 Kohonen 算法和 Carpenter – Grossberg 自适应谐振理论（ART）等。

强化（再励）学习则是有教师学习的特例。它不需要老师给出目标输出。再励学习算法采用一个"评论员"来评价与给定输入相对应的神经网络输出的优度（质量因数）。再励学习算法的一个特例是遗传算法（GA）。用遗传算法选择前馈神经网络控制器的权值时，作为一种搜索策略直接探求控制参数与控制性能间的关系，而无需一个明确的"教师"。

事实证明，要想构建出这种直接控制器并不容易，尤其对于那些非线性、多变量、变量之间存在强耦合的过程来说更是困难。此外，外部干扰及测量噪声也会对这些过程产生很大的影响。因此，在线学习与动态变结构学习非常必要。

2.6 智能控制和学习控制

2.6.1 简介

本节讨论智能与学习控制以及它们与其他控制方法的关系。本节的讨论不可能做到面面俱到。目前有关这方面的研究已有不少成果[82~87]。

一个典型的控制问题可以定义为：

（1）存在一个被控过程，并且该过程可能是复杂的或者是难以精确定义的；

（2）被控对象的期望目标可以用参考模型、数值函数或者性能索引表给出；

（3）存在多个约束条件；

（4）可利用已有知识构建一个控制器，使被控系统满足期望目标并达到全局最优。

通常情况下，上述控制问题可以用多种方法去解决，如使用古典的反馈控制、鲁棒控制、增益排表控制、自适应控制、基于知识的控制、模糊控制或神经网络控制等，具体采用何种方法视具体情况而定。

那些旨在取代或模仿人类手工操作的控制策略可以被定义成智能控制或学习控制。按这种定义，任意一个自动控制方法（如 PID）都可以被看成智能控制，因为它们都是为了完全或部分替代或模仿人工操作过程[88]。这种对智能控制的定义范畴太大并且不够精确。关于常规控制方法与智能控制方法间的区别，Passino 在他的文章中作了很好的阐述。

对于学习控制器的较好定义最先由 Saridis 等人提出：学习控制器应该能根据过去的经验信息，不断改善控制器的后继性能[84,87]。这种学习可以利用闭环，通过对过程与环境交互作用的不断迭代计算而实现。当预先设计一个具有固定权并且可以获得满意控制效果的控制器很困难时，这种学习功能显得尤为重要[83]。这里"固定权"是指控制过程中不允许通过反馈来修正参数或结构[84]。

造成这些困难的原因在于：由于对被控系统的先验信息不足，导致控制人员面对的是一个不确定的控制环境。因此，智能控制中机器学习的主要目的是减少未知的或不确定的先验信息，以获得较好的在线控制效果。因此，学习控制可以被看做控制体系各部分映射的自动合成[87]，如控制器映射（controller mapping）根据过程输入与输出的测量值获得期望值的控制行为，模型映射（model mapping）则根据过程得到模型参数计算值。在一个学习控制中，期望映射由包含反馈体系的目标函数来表现，反馈体系的结构与参数应该是可以调整的，通过学习系统不断优化映射[88]。

2.6.2 智能控制与古典控制方法的联系

很多非学习型的控制方法，如鲁棒控制、自适应控制、增益排表控制、经典反馈控制等，都注重解决非线性动态过程的先验信息不确定性问题[87]。

2.6.2.1 鲁棒控制

鲁棒控制[89]是一个注重控制算法可靠性研究的控制器设计方法。鲁棒性一般定义为在实际环境中，为保证安全，要求控制系统最小必须满足的条件。一旦设计好这个控制器，参数就不再改变，而且必须保证具有良好的可控性。

鲁棒控制方法，是对时间域或频率域来说，一般假设过程动态特性的信息和它的变化范围。一些算法不需要精确的过程模型但需要一些离线辨识。

一般鲁棒控制系统的设计是以一些最差的情况为基础，因此一般系统并不工作在最优状态。

鲁棒控制方法适用于稳定性和可靠性作为首要目标的应用，同时过程的动态特性已知且不确定因素的变化范围可以预估。飞机和空间飞行器的控制是这类系统的例子。

过程控制应用中，某些控制系统也可以用鲁棒控制方法设计，特别是对那些比较关键且不确定因素变化范围大，同时稳定裕度小的对象。

但是，鲁棒控制系统的设计要由高级专家完成。一旦设计成功，就不需太多的人工干预。另一方面，如果要升级或作重大调整，系统就要重新设计。

鲁棒控制需要在闭环系统中实现。现代鲁棒设计方法综合考虑系统内部性能与健壮性平衡，这种固定控制系统的性能由先验信息的正确性和有效性决定[87]。有时候由于被控系统的复杂性、不确定性或者闭环系统的性能差异等因素，会影响鲁棒控制系统的性能，此时可以通过下述三种方法之一来调整控制系统[65]：

（1）细化过程模型，以减少系统中的不确定性因素；

（2）人工调整控制器；

（3）在线自动调整。

2.6.2.2 自适应控制

与鲁棒控制不同的是，自适应控制通过在线自适应来解决不确定性问题[55]。自适应控制可以看做是一个能根据环境变化智能调节自身特性的反馈控制系统以使系统能按照一些设定的标准工作在最优状态。通过对过程的输入与输出进行监控，辨识出动态过程各项参数，并对其进行调整以使系统达到需要的状态。因此，自适应控制重点在于通过在线测量获得过程模型的全局或局部参数，并且更新或优化这些参数。

但是，如果过程的动态特性或者运行范围发生重大改变，如非线性动态变化或者出现干扰时，控制系统就必须不断地变化[87]。如果动态系统采用的控制策略不够恰当，则自适应控制器就必须不停地适应系统，即便面对的系统与曾经被成功控制的系统相同，控制器仍然需要不断适应。原因就在于自适应系统无法保存过去的信息。在保存已有信息的能力方面，学习系统和自适应系统有着天壤之别。

一般地说，自适应控制在航空、导弹和空间飞行器的控制中很成功。可以得出结论，古典的自适应控制适合没有大时间延迟的机械系统或者那些对设计的系统动态特性很清楚的系统。

但在工业过程控制应用中，经典的自适应控制并不如意。PID 自整定方案可能是最可靠的，广泛应用于商业产品，但用户并不怎么喜欢和接受。

经典的自适应控制方法，要么采用模型参考要么采用自整定，一般需要辨识过程的动态特性。它存在许多基本问题：

（1）需要复杂的离线训练；

（2）辨识所需的充分激励信号和系统平稳运行的矛盾；

（3）对系统结构假设；

（4）实际应用中，模型的收敛性和系统稳定性无法保证。

另外，经典自适应控制方法中假设系统结构的信息，在处理非线性、变结构或大时间延迟时会很难。

2.6.2.3 增益排表控制

增益排表控制[55]用一个基于与动态过程变化情况相关的辅助排表变量集合上的已知的、固定的函数来描述过程的动态行为。该排表变量集合常常是描述过程操作范围的那些变量集的子集。在自适应控制中，控制的注重点在于动态过程的瞬时变化，与此不同的是，增益排表控制则着眼于动态变化空间[87]。古典的基于 Takagi – Sugeno 推理的模糊控制就可以看成是一种增益排表控制。

2.6.2.4 经典反馈控制

经典的用于解决复杂非线性动态问题的反馈控制方法大多是基于人工设计的控制系统。当时这种方法在工业控制系统的设计方法中占主流地位[87]。该方法需要通过多次设计迭代获得具有满意控制效果的控制器，每次迭代都需要在确定性的操作环境下，通过大量的计算机仿真与字段调整得到名义控制器的设计值。这样往往导致经验值过多，以及对名义控制器的不断人工调整或重新设计。之所以需要进行多次迭代设计，是因为设计过程中使用的过程模型描述实际动态过程的正确程度不够。在这个迭代设计过程中，系统设计师、建模专家与系统分析师之间的联合构成了一个学习系统。Farrell 和 Baker[87]将这种学习控制看成是一种人工设计迭代与过程调整的自动化。

一个学习控制系统，可以被看成是依靠闭环与动态过程的交互作用，试图使被控过程达到并维持预期的状态。学习控制方法与鲁棒控制、增益排表控制等固定的控制方法不同，它可以在线提高控制能力[87]。与自适应控制相比，学习控制是将过去的经验与当前状态进行匹配并相应地采用合适的动作，而自适合控制却将其面对的每一个控制过程均看成是新过程。因此，可以通过能否将控制情况以函数的形式保存下来这一标准来区别学习控制与自适应控制。自适应控制与学习控制系统均可以用参数调整算法来实现，同时两者在控制过程中均可以利用由闭环与过程和环境交互作用产生的反馈信息[84,87]。

在对复杂系统进行控制过程中要求具备学习能力，是因为这些过程往往存在着大量的不确定信息，经典的方法不能取得较好的效果，因此需要研究新的控制技术。而将模糊神经网络用于控制系统，正是使控制器具备学习能力的控制方法论上的一大进步[78,86,90~95]。

2.6.3　学习控制的分类

自组织或学习控制系统可以被分成两大类：参数适应型和性能适应型[84]。

（1）参数适应型学习控制。参数适应型学习控制目的在于在线减少控制系统的不确定性参数[85]。这同间接智能控制有些类似。间接智能控制目的在于减少过程模型的不确定性因素，当过程所有参数都成为已知时，可以达到最优控制。到目前为止，基于神经网络、模糊逻辑推理系统以及两者混合的控制系统大多采用这类方法[81]。此外，其中大部分采用了离线学习，这样的控制系统就不能被称为学习控制系统。

（2）性能适应型学习控制。性能适应型学习控制着眼于通过在线改变控制系统的性能来降低性能的不确定性。这类方法相当于对直接智能控制器，同时对控制器的结构和参数进行识别，重点减少控制器的不确定性，而不是减少过程的不确定性。这种方法在后面将继续进行讨论。

2.6.4　讨论

在性能适应型学习控制结构中，需要有一个性能规范，如参考模型；在没有性能规范的情况下，则需要采用无人监控学习或增强学习。那些使用参考模型的学习系统就是一个监控系统。然而，如果在滤波器中使用参考模型，那些由滤波器提供的"教师"信号将会随着过程行为的改变而改变。虽然可以想办法避免在这种情况下使用无人监控学习系统[62]，但仍需强调这些"教师"信号既不是先验的也不是固定的。当参考模型随着过程行为的改变而改变时，它们也随之发生变化。因此，即使过程行为在变化当中，依然可以获得非常多的这种"教师"信号。

这种性能适应型控制系统的性能仅仅受限于性能规范以及控制器的逼近能力。在这点上它与参数适应型控制不同。后者除此之外，同时还受限于过程模型参数的不确定性。后面将会详细讨论控制器的学习能力。如前所述，自组织或自学习控制系统与自适应控制系统的区别在于学习控制系统需要在线学习[84,87]。因此，由于大部分使用神经网络和模糊逻辑推理的控制系统由于采用的是离线学习方式，故不满足"学习控制"的定义。

2.7 小结

本章介绍了与控制过程相关的人工智能的发展历史，重点介绍了神经网络和模糊逻辑推理系统。此外，对学习系统或智能控制也进行了讨论。因此，本章可视为后续章节的背景信息，其后将对模糊神经网络的学习控制进行详细讨论。

3 基于模糊神经网络的
冷连轧动态智能质量控制（DIQC）

3.1 控制问题简述

一个常规的多输入多输出（MIMO）非线性动态过程可以用如下状态空间来描述：

$$x(t+1) = f[x(t), u(t), d(t)] \tag{3-1}$$

$$y(t) = g[x(t), n(t)] \tag{3-2}$$

式中，$x = \{x_1, x_2, \cdots, x_n\}$ 为状态变量，$u = \{u_1, u_2, \cdots, u_{mu}\}$ 为控制变量，$y = \{y_1, y_2, \cdots, y_{my}\}$ 为输出变量，$d = \{d_1, d_2, \cdots, d_p\}$ 为干扰量，$n = \{n_1, n_2, \cdots, n_m\}$ 为噪声的测量值，t 为时间变量。

由于数据量不够大，或者获取信息的成本太高，或者对控制过程定义不够深入等原因，设计者往往无法获得足够多的有关系统信息。因此，向量映射 f 与 g（也就是过程模型）也无法获得。自适应控制或者学习控制均能有效解决这种不确定性过程控制问题。

经典自适应控制的主要目的是在保持闭环稳定的情况下，通过稳态跟踪误差获得控制系统期望的性能指标值[55]。那些在控制过程中出现的瞬时性能指标值不会记入控制器的性能索引表中。Guez 等人[94]在 1992 年列出了现有自适应算法的主要不足之处，并且指出并不是所有的算法都存在着同样的问题，但其中某些不足是可以改善的。他们列举出的问题主要有：

（1）严格证实（SPR）或非最小相稳定过程的限制条件；

（2）有关过程 n 的维数或其上限的知识获取；

（3）有关高频增益信号的知识获取；

（4）只能对时变或迟滞线性系统稳定性进行证明；

（5）因参数过多或过少而导致控制问题；

（6）不可建模的动态性、测量噪声以及干扰对性能的影响；

（7）对于时变参量，用启发式方法设计遗忘因子。

上述问题在其他一些文章中也被提及[95,96]。

之后，有很多研究者用解析方法去处理上述问题，他们在文献中提出了最新的可行的研究成果，其中有 Chen 和 Khalil[97]，Farrell[98]，Jagannathan 和 Lewis[99]，Johansen[100]，Kosmatopoulos 等[101]，Liu[102]，Liu[103]，Polycarpou[104]，Polycarpou 和 Ioannou[105]，Rovithakis 和 Christodoulou[106]，Slotine 和 Sanner[107]，Spooner 和 Passino[108]，Tsakalis 和 Limanond[109]，Tsakalis[110]，Yesildirek 和 Lewis 等[111~113]。

针对自适应控制中存在的上述问题，一般需要对被控过程作一些假定，以便用解析的方法去解决它们。但这样作出的假设有可能与实际情况并不相符。事实上，可以换个角度来考虑这些问题。抛开原来那种解析控制方法，采用提高控制器智能性的方式，来解决这些问题。所谓的提高控制器智能性是指理想的控制器通过不断的在线反馈调整，可以进行自我构建，并且具有储存性能参数的功能。这种方法主要着眼于两个方面：

（1）含噪声的有效过程变量。事实上，只有一部分变量会影响过程的性能，因而无需所有变量，只取有效变量。

（2）用参数模型定义的被控过程期望性能指标值。

本书将围绕这两个方面来设计冷连轧动态智能质量控制器。

3.2 带钢冷连轧自动厚度控制（AGC）的理论基础

带钢冷连轧自动控制系统的主要任务是保证冷轧产品的质量和产量，因此其主要功能是：跟踪；辊缝设定；速度设定；张力设定；动态变规格；弯辊、窜辊及冷却水设定；速度控制；张力控制；厚度控制；板形控制；成品表面质量控制；轧机运行控制等。其中厚度控制及板形控制为两大最主要的功能。

本书主要讨论所提控制器在厚度控制方面的效果及其抗干扰能力，因此，只对后面涉及的厚度控制相关内容作一简介。

3.2.1 自动厚度控制（AGC）基本环节

为了保证成品全长厚度达到所需精度，必须既要保证同一规格的一批带卷厚度达到目标厚度（差别符合国标或厂标），又要保证一个钢卷内带钢全长的厚度均匀（同板差），因此需要控制"一批带卷的头部厚度"及"每一卷带钢全长厚差"。这两个控制目标实际上分别由两个完全不同但又相互关联的功能来完成。头部厚度的精度主要决定于厚度设定模型。设定模型的任务是穿带前对各机架辊缝、速度以及张力等进行预设定。带钢全长厚度的精度主要决定于稳定轧制段开始后所投入的自动厚度控制系统（AGC）功能。

造成冷轧成品厚差的原因主要有：由热轧卷带来的扰动（包括来料硬度与厚度波动）、冷轧机本身的扰动、由于工艺等其他原因造成的厚差。其中第三类厚差属于非正常状态的厚差，不是冷轧 AGC 所能解决的，是不可避免的。因此，冷连轧 AGC 系统需要克服的：一是带钢带来的来料厚度，来料硬度波动；二是轧机本身产生的轧辊偏心、润滑状态变化（包括轧制速度变化）造成的摩擦系数波动及张力波动。来料厚度及硬度波动将造成轧制力变动，并通过轧机弹跳而影响厚度，轧机本身的扰动则主要通过改变实际辊缝值而影响厚度。对于厚度控制，一般采用弹性－塑性方程图解及其解析法。

3.2.2　轧机弹跳方程

轧制时发生的基本现象是轧机弹性变形和轧件塑性变形，如图 3 – 1 所示[114]：

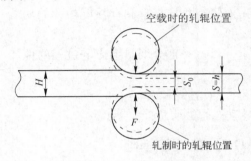

空载时的轧辊位置

轧制时的轧辊位置

图 3 – 1　轧制时变形现象[114]

图中 H 为入口厚度，h 为出口厚度，S_0 为空载辊缝，F 为轧制力。

轧机在外力 F 的作用下产生弹性变形（$h - S_0$），依 HOOK 定律：

$$F = M(h - S_0) \qquad (3 - 3)$$

式中，M 为轧机模数或轧机刚度系数。

由式（3 – 3）变形得：

$$h = S_0 + F/M \qquad (3 - 4)$$

式（3 – 4）就是著名的轧机弹跳方程，它由英国人 Smis 创立，是 GM – AGC 的基本数学模型，也是实现 GM – AGC 的基础。

3.2.3　轧件塑型曲线与 F – h 图

轧制是轧机和轧件相互作用的过程，以轧件为研究对象，可以得到轧制力方程[114]：

$$F = f(H, h, T_e, T_s, R, B, \cdots) \qquad (3 - 5)$$

式中，T_e、T_s 分别为入口和出口张力；R 为轧辊半径；B 为带宽。

式（3 – 5）说明轧制时的轧制力 F 是所轧带钢的宽度 B、来料入口厚度 H、出口厚度 h、摩擦系数 f、轧辊半径 R、温度 t、入口张力（前张力）T_e、出口张力（后张力）T_s 以及变形抗力 σ_s 等的函数，如式（3 – 5）所示。在冷轧机中，影响轧制力的主要因素是 H、h、T_e、T_s，因此式（3 – 5）可进一步简化为：

$$F = f(H, h, T_e, T_s) \qquad (3 - 6)$$

对式（3 – 6）进行泰勒级数展开并只取一次项得到：

$$\Delta F = \frac{\partial F}{\partial H}\Delta H + \frac{\partial F}{\partial h}\Delta h + \frac{\partial F}{\partial T_e}\Delta T_e + \frac{\partial F}{\partial T_s}\Delta T_s \qquad (3 - 7)$$

在实际应用中，总是针对具体的主要扰动因素，对式（3 – 6）进一步简化。如果除出口厚度 h 外，其他参数恒定不变，则 F 只随 h 变化，式（3 – 6）可简化为：

$$F = f(h) \tag{3-8}$$

在轧制力 F 和出口厚度 h 以外的各变量一定的情况下，可画出 F 随 h 变化的曲线，并称该曲线为轧件塑性曲线。轧件的一个重要参数是轧件塑性系数，它定义为：使轧件产生单位压塑所需的轧制力。用 Q 表示轧件塑性系数，则：

$$Q \triangleq \frac{\partial F}{\partial h} = \frac{\partial f(H, h, \cdots)}{\partial h} \tag{3-9}$$

可见，轧件塑性系数为轧件塑性曲线的斜率。

把式（3-6）和式（3-8）画在一个几何图上，如图 3-2 所示，两条曲线交点的横坐标恰好是出口厚度 h。

图 3-2 中 H 为入口厚度；h 为出口厚度；s_0 为空载辊缝；F 为轧制力；M 为轧机模数。

$F-h$ 图以弹性方程曲线和塑性方程曲线的图形求解方法描述了轧机与轧件相互作用又相互影响的关系，它可直观地讨论轧件带来的扰动（塑性曲线的变动）或轧机带来的扰动（弹性曲线的变动）所产生的后果以及 AGC 消除厚差的结果。

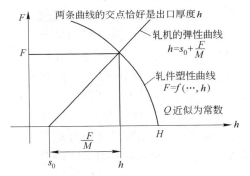

图 3-2 $F-h$ 图[114]

3.2.4 解析法

为了找出 δh（厚差）、δp（轧制力变动量）与 δh_0（来料厚差）、δK（硬度变动）、$\delta \tau$（张力变动）、δS（压下变动）及 δv_0（速度变动）之间的解析关系，目前普遍采用非线性方程"线性化"的方法，即将轧制力等非线性函数用泰勒级数展开后仅取其一次项。则可得到厚度方程和压力方程[5]。

厚度方程为：

$$\delta h_1 = \frac{\frac{\partial p}{\partial h_0}\delta h_0 + \frac{\partial p}{\partial \tau_b}\delta \tau_b + \frac{\partial p}{\partial \tau_f}\delta \tau_f + \frac{\partial p}{\partial K}\delta K + \frac{\partial p}{\partial \mu}\delta \mu + C_p \delta S + C_p \delta S_F}{C_p - \frac{\partial p}{\partial h_1}} \tag{3-10}$$

轧制力方程为：

$$\delta p = \frac{C_p}{C_p - \frac{\partial p}{\partial h_1}}\left(\frac{\partial p}{\partial h_0}\delta h_0 + \frac{\partial p}{\partial \tau_b}\delta \tau_b + \frac{\partial p}{\partial \tau_f}\delta \tau_f + \frac{\partial p}{\partial K}\delta K + \frac{\partial p}{\partial \mu}\delta \mu + \frac{\partial p}{\partial h_1}\delta S + \frac{\partial p}{\partial h_1}\delta S_F\right)$$

$$\tag{3-11}$$

由此可见，要将上述解析法用于实际分析，必须：

（1）确定具体的 p、f 等公式。

（2）完成设定计算，因增量公式中所有的 δh_0、δS 等都是以设定值为基准的增量值，而各偏微分系数的定量亦需代入设定值（工作点）才能获得。

（3）求出所有的偏微分系数。

3.2.5 流量 AGC 系统

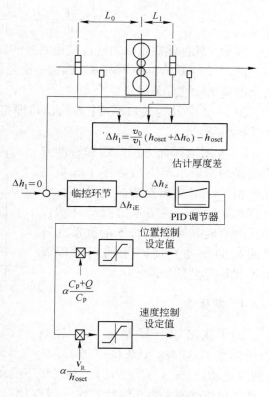

图 3-3 流量 AGC 系统框图

20 世纪 90 年代由于激光测速仪的推出使直接精确测量带钢速度成为可能，流量 AGC 控制方案也应运而生。流量 AGC 以变形区流量方程为理论依据，根据测量获得的带钢速度及各机架前滑值，通过变形区秒流量恒等法则计算出变形区出口厚度。流量 AGC 为现在冷轧行业中常用的控制技术。流量 AGC 控制框图如图 3-3 所示。

但是，流量 AGC 依赖于测量精度，如果用入口测厚仪信号进行前馈由于是开环控制不能保证厚差为 0，如果用出口测厚仪信号进行反馈，由于大滞后不稳定，为了保持稳定裕度，不得不减小反馈量。如果用轧制力通过弹跳方程计算变形区出口厚度虽然不存在滞后，但弹跳方程测厚精度太低。

3.3 动态智能质量控制（DIQC）思想及需要解决的问题

由上可知，无论是采用流量 AGC 技术还是采用解析法，在控制精度上都不够，在计算量上非常复杂，有时需要计算 60 多项影响因子，且需要定量地知道各偏微分系数，此外，它们在处理干扰与噪声方面效果并不理想。因而，本书的目的就是动态构建一个基于模糊神经网络的控制器——动态智能质量控制器（Dynamical Intelligent Quality Controller，DIQC），来解决冷轧生产自动厚度控制问题，也即通过反馈作用确定期望的控制映射。由于模糊神经网络的智能性，采用该方法不仅可以获得较传统控制方法更高的逼近，而且计算难度上也大为简化。

在 DIQC 设计中，学习算法函数的主要任务是根据期望输出 y_d 获得正确的控制信号 u_d。学习错误 ε 定义为期望输出 y_d 与实际测量输出 y 之间的差。本书以 ε 作为学习标准。

学习目标是最小化误差函数：

$$\varepsilon_1 = \frac{1}{2}(y_1 - y_{d1})^2 \qquad\qquad (3-12)$$

式中，y_1 是实际输出值，y_{d1} 是期望输出值。当迭代次数 K 不断增大时，学习误差率 ε_1 逐渐趋近于 0 或者小于一个给定值。即：

当 $K\rightarrow\infty$ 时，$\|\varepsilon_{1k}(t)\|\rightarrow 0$ 或 $\|\varepsilon_{1k}(t)\| < \varepsilon_1, t\in[0,T]$ $\qquad (3-13)$

此处，$\|\cdot\|$ 为范数。

该方法相当于经典直接模型参考自适应控制（MRAC）方法。只是其中控制器是基于模糊神经网络的。这种方法的难点与局限性众所周知，但这里只是研究在有限的现实信息量基础之上，自动设计生成一个理想控制器的可能性究竟有多大。此处假定被控过程是非线性、时变、多输入多输出、具有强干扰和内部噪声的系统，目的就是处理包含冷轧工业在内的具有大量不确定性因素的复杂工业过程控制问题。

研究者都知道，估计、确认与控制之间是存在内部冲突的。控制的目标是最小化实际工业过程输出与期望输出间的差异，但是，如果差异值为 0 或者保持为某一常数（设定点），系统对输出值就不存在影响，则无法辨识过程参数。原因在于这样的系统缺乏持续的激励。Tsakalis 指出，典型的自适应律是调整参量估计值到能使误差为 0 的参量空间，最小化逼近误差。但它可能导致维数灾难。最坏的情形是：一个非常小的干扰都可能导致参量偏移到该空间，并引发持续的维数灾难。

另一方面，除了产生持续的激励输入外，还有很多方法可以用于在线估计。比如双重控制（dual control），控制器转换[115,116]，死区自适应[117]等。这些方面都试图在闭环情况下解决系统辨识问题，但是，需要进行过程跟踪才能实现。例如，死区自适应控制可以减小维数灾难，但是必须以牺牲误差精度为代价。

Guez 等人认为，学习控制与自适应控制的不同之处不仅仅在于其具有记忆功能，而且整个环境也不同。学习控制是一个完整的行为系统，目的就是扩展并使用知识库。本书也力图构建一个这样的学习环境系统，它不仅包括控制器的学习功能，同时也包括帮助实现这种学习功能的整个控制流程。本章将对该问题进行详细的探讨。

因此，正如 Guez 等人指出的那样，控制应该包括学习（辨识）与跟踪两部分。如果需要控制和辨识目标均达到最优的话，辨识的结果就相当于保持持续的激励。一个多目标最优问题是由各衡量指标决定的。如果不存在另一个解，它在某一个或多个指标上具有更优值，同时不劣化其他指标值，则称当前解为最优解（Pareto 解）。这与偏差或方差两难问题类似[118]。后面将对其作进一步阐述，同时也将对闭环中保持持续激励的方法进行探讨。此外，采用滤波器型的参考模型，使被控过程的期望性能可以随着过程行为的改变而改变。它在思想上与 Gu-ez 等人关于控制与辨识之间的内部平衡讨论类似。

如上所述，本书打算构建的是一个基于模糊神经网络的智能控制器，并且具有高精度、抗干扰、在线学习等特点。根据这个设计目标，同时考虑冷轧工业特点，为获得 DIQC 控制器及其模糊神经网络的具体结构与算法，必须要对模糊神经网络构造的各方面进行分析，最后形成所需的网络结构。因此，下面将对 DIQC 构建所涉及的各方面问题进行逐一讨论，它们是：

（1）冷连轧质量控制系统中函数逼近方法的选取；

（2）网络泛化能力提高的条件；

（3）网络优化方法的选择；

（4）网络的动态构建方法；

（5）网络局域性架构；

（6）网络在线学习的必要性；

（7）网络反馈结构的设定；

（8）网络稳定性的要求。

3.4　冷连轧质量控制系统函数逼近方法的选取

3.4.1　简介

本节讨论有关函数逼近的控制问题，对现有经典逼近方法作一回顾，并同智能逼近方法进行比较，并根据冷连轧系统特点选取最合适的逼近方法。

假设在动态过程中存在未知的输入与输出间关系函数 f_p，但该关系函数不够理想，否则无需对过程进行控制；动态过程输入输出间的期望关系函数 f_d 以某些性能规范的形式（如参考模型）表示。控制的目的是设计一个辅助函数 f_c，即控制器，以使动态过程的全局函数 f_g 逼近于期望函数 f_d。这个目标可以通过两种方法实现。

（1）采用一些过程模型（如用解析法求得的参考模型或使用某些经典或者智能逼近方法等）来逼近存在的关系函数 f_p，然后，利用上述模型 f_m 来设计辅助函数 f_c（控制器）以得到期望关系函数 f_d。需要说明的是，这种策略往往需要一些过程模型或近似模型，以及用一些参考模型表示的期望性能规范。该策略同自适应控制中的直接方法以及经典控制中的最优化方法类似，如 Modulus Optimum$^{[119]}$。经典模糊控制方法也采用这种策略，不同之处只在于辅助函数关系f_c是根据专家知识构建的。

（2）另一种方法是根据期望得到的被控过程性能规范f_d（某种形式的参考模型）以及通过闭环反馈测得的过程实际性能值来构建辅助函数f_c。这种方法相当于学习控制，尤其与 Saridis 提及的自适应学习控制类似。本书将对采用这种自适应学习控制策略的动态智能质量控制作进一步探讨。

也可以把辅助映射（控制器）看成是被控过程工作状态到控制器参数集之间的映射。在控制器函数未知的情况下，方法之一是用在线测量值逼近控制器函数，使选用的 L2 范数误差函数最小，常选用均方根误差（Root Mean Square Error，RMSE）。此处假定样本数据是均匀分布的，而不是特意抽取的某些特殊数据。主动学习与被动学习可以通过如下标准来区别：主动学习情况下设计者可以影响样本数据的分布，而被动学习只是通过被控过程的工作环境进行学习。本章将对此观点进行详述。

3.4.2　参量与非参量方法

考虑一类控制器，它们可以根据从含噪声样本数据中抽取出的有关功能与内部关系信息而构建。换句话说，被控过程是非线性多输入多输出的过程，但其映射函数未知，我们可以从那些含噪声的样本数据中推导出非线性连续型辅助映射（控制器）的近似值。

智能学习方法可以分成两类：参量方法与非参量方法。我们考虑这样一种情况：映射本身是未知的，而根据物理建模原理，可以知道映射的功能构成，但具体的模型参数未知。对于参变量间为线性关系的情况，可采用已有的参量逼近方法，这种问题解决起来相对容易。然而，如果映射的功能构成同样是未知的，那就必须采用非参量的方法或者是半参量的方法。在这种情况下，一般根据类似情况的已知特性及功能性质来选择函数逼近方法。Farrell$^{[120]}$指出，非参量逼近方法的目的仍然是选择一系列参量以获得未知映射的最优近似值。换个角度说，参变量方法是采用确定数量的自由变量来描述一系列的数据点。而另一方面，在非参量方法中，映射函数的参量自由度会随数据量的增大而增大。由此可得定义：

定义 3-1　在函数逼近过程中，采用确定数量的自由变量来获得未知映射的最优近似值，这样的方法为参量逼近方法。

定义 3-2　在函数逼近过程中，采用一系列数量逐渐扩展的自由变量来获得未知映射的最优近似值，这样的方法为非参量逼近方法。

参量统计方法需要建立在合理假设的前提之上，即数据的随机误差概率分布已知。在逼近理论中，用函数$F(w,x)$去逼近连续的多维函数$f(x)$，其中$F(w,x)$中参变量w的个数一定，且属于某一集合P，w、x均为实变量。对于某一特定

的 $F(\cdot)$，智能学习的目的是根据样本数据寻找出特别的参量集 W，使 $F(\cdot)$ 能够最大程度地逼近 $f(\cdot)$。

可采用误差函数 p 来衡量逼近的程度，P 表示 $f(x)$ 与 $F(w,x)$ 间的距离 $P[f(x),F(w,x)]$。研究中常选用 L2 范数，或均方误差来作为误差函数。此处假设剩余误差均值为零，近似高斯分布；或者过程为复杂过程且有关被控过程的信息不够完善。在信息具有或然性的最优化问题中，常用最小二乘法、最大似然法或贝叶斯方法来计算距离函数。对于高斯分布函数而言，采用这三种方法均可得到相同的结果，因此，可根据实际情况加以选择。

如果存在最优参数 w^*，则应满足条件：

$$P[f(x),F(w^*,x)] \leqslant P[f(x),F(w,x)], \forall w \in P \qquad (3-14)$$

Bretthorst 已找出一种通用方法，用以估计哪些参考模型的集合或逼近函数可以归成特殊的一类，这类模型或逼近函数存在最优参数 w。Bretthorst 采用贝叶斯法则推导出：当模型参数不断增加时，距离测量值减少最快的模型即为最优模型。模型参数的扩展取决于对模型结果有影响作用的参量总数。

通常不存在可以被精确表示的参量近似值，但可能存在一定精度下的最优近似。而另一方面，如果使用非参量的方法，即采用大量的训练样本，则有可能获得较好的逼近效果。

因此，我们可得如下结论：

结论 3-1 采用大训练样本的非参量方法，可以在任意误差范围内获得函数最优逼近值。

学习控制通常是非参量控制，它的目的在于提高那些未知精确模型的非线性系统的性能。可以通过与被控过程的在线交互作用获得操作经验，使这些系统的性能得以提高。这种方法也称作基于自适应控制的近似方法[120]。

打算从样本数据中学习获得完全光滑映射的问题是病态的，因为样本数据常常不能包括所有有关被控系统的正确信息，因此样本数据间的插值也不可能唯一。此外，由于测量误差等原因，造成样本数据常常是含噪声数据。如果有足够多有关映射的先验信息，则可使问题变为适定。即使无法获得那些全局先验信息，也必须得到局部的先验信息[180]。在样本点足够小的邻域内，必须能够推测出函数值冗余或者线性相关的程度，以正确进行插值。获得的近似函数需要具有一定程度的光滑性，这样，当输入值发生微小变化时，能够使输出值发生相应的变化[121]。

只有假定未知函数至少在某些区域上是连续且光滑的，逼近过程才得以继续。使用的样本数据越密集，对先验信息假设正确性的依赖程度就越低。如果可以获知某些局部统计信息，则可采用半参量方法，无需知道有关函数的全局精确信息，也不需要大量的样本数据，而直接获得局部近似值。这些局部统计信息可以通过对大量的不同区域内的样本数据进行分析而获得。对于很多复杂非线性函数以及含噪声样本数据而言，采用这种半参量方法来解决函数逼近问题常常很有效。因此，我们可得如下结论：

结论 3 – 2　对先验信息的依赖程序取决于样本数据的分布情况。采用充满全部输入空间大样本数据的半参量方法具有良好的逼近性。

线性有限冲击响应（FIR）滤波器和非线性 Volterra 滤波器都可看做是参量近似[121]。而另一方面，小脑模型关节控制器（CMAC）、径向基函数（Radial Basis Functions，RBF）以及动态构建的模糊神经网络则包含很多的半参量逼近因素，原因在于这些方法在计算过程中对它们的参量与非参量特性均加以利用。

非线性函数无法像线性函数那样，可以用确定的输入、输出样本数据集完整地表示出来。因此可以推断：辅助函数（控制器）只能描述在操作过程中被特定的输入值激励的那些函数部分。这种推断尤其适合于在对被控过程除了能得到输入、输出测量值外没有其他特别已知信息的情况[121]。

综上所述可得：

结论 3 – 3　动态构建的模糊神经网络为半参量逼近方法，基于这种网络的控制器效果由输入值激励部分的大小所决定。

3.4.3　逼近方法

首先，需要对可用于构建前文所述辅助函数 f_c（控制器）的那些逼近方法进行分析。这些可用的方法可以分成两大类：传统逼近方法与智能方法[95]。

传统逼近方法有。

3.4.3.1　多项式逼近

利用多项式进行逼近是应用最为广泛的传统逼近方法。一个 n 阶多项式可以表示成：

$$F_n(z;\theta) = \left\{ \sum_{i=0}^{n} \theta_i z^i \mid \theta_i \in R^1 \right\} \qquad (3-15)$$

式中，F_n 为近似值；$z \in R^n$ 为输入；$\theta \in R^q$ 为可变参量。

多项式逼近为线性参量逼近方法。根据 Stone – Weierstrass 定理，对于任意函数 $f \in C[Z]$ 和任意 $\varepsilon > 0$，存在多项式 $P \in F_n$，且有 $\sup_{z \in Z} |f(z) - p(z)| \leq \varepsilon$。此处 $C[Z]$ 表示连续函数空间属于紧域 Z。当 $n = 1$ 时，多项式简化为线性系统。

3.4.3.2　有理逼近

有理逼近可以表示为：

$$F_{n,m}(z;\theta;\vartheta) = \left\{ \frac{\sum_{i=0}^{n} \theta_i z^i}{\sum_{i=0}^{m} \vartheta_i z^i} \mid \theta_i, \vartheta_i \in R^1 \right\} \qquad (3-16)$$

分母的零点限定在近似范围外。一般说来，有理逼近比多项式逼近拟合能力要强。也就是说，在有理函数与多项式函数含有相同数量的参变量情况下，有理函数的逼近程度要高于多项式函数。另一方面，当分子分母的阶数均允许变化时，有理函数包含多项式函数。此外，对于某些实际问题，相比较多项式函数而言，有理函数能够提供更加经济有效的解决办法。有理函数为非线性参量逼近方法。

3.4.3.3 样条函数

样条函数事实上是分段多项式逼近。在样条函数中，逼近区域被用节点分割为一定数量的子区域。在每个子域中采用一个 n 阶多项式进行逼近。整个函数需要是 $n-1$ 次可微的。常用的样条函数有二次样条（$n=2$）和三次样条（$n=3$）。二次样条要求函数是一次可微的，三次样条要求函数二次可微。具有固定节点的样条函数为线性参量逼近，如果节点可变，则这样的样条函数为非线性参量逼近。

样条函数拥有很多很好的逼近性质，如以分段多项式函数的形式获得期望的光滑函数，这点具有较好的应用价值。此外，样条函数，特别是 B 样条，具有良好的数字特性，如计算成本低、数字稳态估计算法、局部表示方法、整体分割等。

智能逼近方法包括以下内容。

A 神经网络

神经网络模型有多种，本节只讨论与控制有关的几种最重要的神经网络模型。

a 多层感知器（Multi-Layer Perceptron，MLP）

最常用的神经网络模型是采用 sigmoid 型转移函数的前馈型多层感知器（MLP）。包含一个隐层的前馈型多层感知器的输出函数可以表示为：

$$F_n(z;\theta;\vartheta;\varphi) = \left\{ \sum_{i=1}^{n} \theta_i \sigma\ (\vartheta_i z + \varphi_i) \mid \theta_i,\ \vartheta_i,\ \varphi_i \in R^1 \right\} \qquad (3-17)$$

式中，n 为隐层节点数，$\sigma: R \to R$ 为 sigmoid 转移函数，它的函数表达式为[44]：

$$f(x) = \frac{1}{1+e^{-x}} = \frac{1}{1+\exp(-x)},\ (0 < f(x) < 1) \qquad (3-18)$$

很多研究者指出，根据 Stone-Weierstrass 定理，具有一个隐层的前馈型 MLP 可以以任何精度逼近任意连续函数 $f \in C[Z]$。如果隐层中的神经元个数 n 足够大，这个论断是可以实现的。采用 sigmoid 型转移函数的多层感知器是非线性参数逼近。

b 径向基函数（Radial Basis Function，RBF）

另一种被广泛应用的神经网络是径向基函数（RBF）神经网络模型。RBF

神经网络是由 J. Moody 和 C. Darken 于 20 世纪 80 年代末提出的一种神经网络，它是具有单隐层的 3 层前馈网络。RBF 网络模拟了人脑中局部调整、相互覆盖接收域的神经网络结构[123]。

RBF 网络的输出函数可表示为：

$$F_n(z;\theta) = \left\{ \sum_{i=1}^n \theta_i g_i(z) \mid \theta_i \in R^1 \right\} \qquad (3-19)$$

式中，g_i 是第 i 个基函数的输出。运用较为广泛的高斯基函数形式为：

$$g_i(z) = \exp(-|z - c_i|^2/\sigma_i^2) \qquad (3-20)$$

式中，z 是 n 维输入向量，c_i 和 σ 分别是第 i 个基函数的中心和聚类宽度。有时会采用规范化的高斯基函数。RBF 网络可以任意精度逼近任意连续函数[124]。RBF 网络在很多方面与样条函数相似。例如，假如令 RBF 网络的中心和聚类宽度均保持不变的话，RBF 网络是线性参数逼近；在中心和聚类宽度变化的情况下，RBF 网络则是非线性参量逼近。RBF 网络的中心相当于样条函数的节点。Jang 和 Sun[77]证明，RBF 网络与模糊逻辑推理系统的作用相似。

c　递归神经网络（Recurrent Neural Networks，RNN）

有关递归神经网络的全局逼近特性，Funahashi 和 Nakamura[125]在他们的文章中作了详尽的阐述。

B　模糊逻辑推理系统

模糊逻辑推理系统依据模糊规则"如果前提成立，则结果成立"[65]来进行逼近计算。模糊规则数量越多规则越细则逼近精度越高。模糊逻辑推理系统主要应用于对连续函数的逼近。Kosko、Wang 与 Mendel 证明，模糊系统在紧域上可以任意精度逼近任意连续函数。Buckley 等研究者证明，模糊系统与前馈型神经网络可以在任意精度上相互拟合，这表明了模糊系统具有良好的全局逼近性质。基于 Takagi – Sugeno 型推理的模糊系统也被证实可以用作全局控制器[126]。

样条函数的特例——B 样条与模糊逻辑推理系统之间关系密切并且作用相似。二次样条相当于三角形隶属函数，三次样条相当于模糊逻辑推理系统中的高斯型隶属函数[127]。与样条函数类似，如果使隶属函数保持不变（即保持全局推理中的隶属度划分区间不变），此时的模糊逻辑推理系统为线性参量逼近。另一方面，同样条函数一样，如果隶属函数是变化的，此时模糊逻辑推理系统属于非线性参量逼近。二次 B 样条函数以及它相当于三角模糊隶属函数的思想在本书中会常常运用。

Polycarpou 和 Ioannou[128]指出，通常情况下，线性参量逼近算法比非线性参量逼近算法有更好的计算结果。这是因为在线性参量逼近算法中高阶项等于 0。Polycarpou 和 Ioannou[128]的推论 3 – 2 的第三部分内容为：

$$\text{If } v \in l_2, \text{that is} \sum_{k=0}^{\infty} |v(k)|^2 < \infty, \text{then } e \in l_2 \text{and} \lim_{k \to \infty} e(k) = 0 \qquad (3-21)$$

此处，$v(k)$ 为逼近误差，且有：

$$v(k-1) = f(z(k-1)) - F(z(k-1);\theta^*) \tag{3-22}$$

然而，正如 Barron[129,130] 指出的那样，某些类型的函数，如带一个隐层的 sigmoid 型神经网络，可以达到任意期望的逼近精度，但是它的节点数与输入向量的维数无关。另一方面，线性参量逼近算法往往受到维数灾难的困扰。"维数灾难"一词由 Bellman 提出，它指随着输入向量维数的增加，节点数呈指数增长。

但是，Sontag[131] 又指出，Barron 的结论往往会被曲解。在基元素为非线性的情况下，使用各种类型的基函数能够得到相当好的逼近效果。如使用 sigmoid 型转移函数的神经网络。例如，在期望逼近精度与输入向量维数不相关的情况下，具有可变节点的样条函数与 sigmoid 神经网络效果一样[131]。

此外，在 Polycarpou 和 Ioannou[128] 推论 3-2 中，保证逼近误差 $e(k)$·收敛于 0 并不代表参数误差 $\Phi(k)$ 也收敛于 0。如果要求参数误差也收敛于 0，则必须保证激励是持续的。正如 Polycarpou 和 Ioannou[128] 指出的那样，非线性过程与线性过程不同，在这种情况下不可能有预先的假设。

由上述讨论可得结论：

结论 3-4 在全局推理中如果隶属函数保持变化，这样的模糊逻辑推理系统为非线性参量逼近，它可以避免维数灾难，并且能够获得良好的逼近效果。

此外，为了避免维数灾难，根据模糊逻辑的特性，本书提出使用模糊相似度量为合并重叠输入隶属函数的剪枝算法：

算法 3-1 当隶属函数间的重叠程度超过预先给定的阈值时（如 0.9），就将这些隶属函数合并为一个。采用如下的模糊相似度计算公式：

$$E(A_1,A_2) = \frac{M(A_1 \cap A_2)}{M(A_1 \cup A_2)} \tag{3-23}$$

式中，"∩"与"∪"分别指模糊集 A_1 和 A_2 的交集与并集，$E(A_1,A_2)$ 为 $A_1 = A_2$ 的程度，$0 \leq E(A_1,A_2) \leq 1$，$M(\cdot)$ 为模糊集的大小。

规则数的规模需要限定，以避免产生"维数灾难"。合并隶属函数可减少低效的隶属函数，同时，用新的隶属函数来代替它们，可使网络效率更高。也就是说，在通盘考虑一个高效的控制器结构时，需要同时采用优化结构和剪枝的手段。

3.4.4 讨论

在考虑神经网络逼近的全局性时需要注意一点，即：全局逼近算法中要求神经网络的隐节点数是可以增加的，但在很多实际应用中，隐节点数常常是预先固定的。因此，当要求的逼近精度提高时，固定结构的神经网络就无法达到逼近任意一个连续函数的目的，要实现这个目的，就需要寻求一个新的算法。

另外，全局逼近也要求样本数据充满连续函数的定义区域，也就是说，样本数据量必须能够满足全局逼近的需要。事实上，所取的样本往往只是集中在需要逼近函数的一部分区域内，而在另一些区域中却很稀少。在实际的工业控制过程中，控制器如何设计对数据的分布并没有影响。数据分布只受限于被控过程的动态过程以及具体情况。在这种情况下，控制器的全局逼近能力只是理想状态下的一个指标，但在实际工业过程中并没有太大意义。实际情况下，任何全局逼近均可以实现，但只有极少数逼近才是最优的。因此，对于线性与非线性逼近的讨论其实并没有多少现实意义。该观点在后面将继续讨论。

需要强调的是，在线控制时，对于未知被控过程的测量值，除了因测量误差所致的噪声之外，数据本身也是不完备的。事实上，对动态过程的很多影响因素是无法测量的。因此，所得到的"最优值"最多只是次优的，理想状态下设定的控制器在实际工业过程中的使用会受到很大的限制。

3.5 DIQC 泛化能力提高条件

3.5.1 泛化与激励

正如 Mars 等人指出的那样，神经网络逼近函数的能力并不代表它实际的泛化能力。一般地，通过权重调整而并非网络的泛化能力，就可使网络能够对被控过程的输出进行跟踪。在这种情况下，如果权重更新过程停止，神经网络就无法继续跟踪被控系统的输出。在这点上与前述经典的自适应控制类似。

要提高神经网络的泛化能力，就必须在被控非线性过程的输出发生非常规或其他突变时，有相应的随机激励。在这种情况下，只有神经网络能够对被控过程达到一定精度上的逼近，才能不通过调整权重的方式继续对非线性过程进行跟踪。此处要求激励的随机性是为了强化神经网络的泛化能力。此外，对于非线性过程的跟踪，部分依赖于权重的不断改变。

权重收敛的条件与自适应控制过程中持续激励的要求相似。在自适应控制过程中，持续激励要求激励信号频率变化非常丰富，振幅范围大，这样可以辨识出每个参量。后来，Farrell[98]完善了其中的某些观点，他认为，对逼近效果的评判标准应该是参数的收敛情况，而并非逼近跟踪本身。但他同时也指出，在实际工业控制过程中，参数的收敛情况很难判定。因此，为了使权重能够收敛到正确的数值，就需要一些非常规的（随机的）激励。由此，我们可以得出结论：

结论 3-5　神经网络泛化能力取决于激励的保持。不间断的非常规（随机）激励可以提高神经网络的泛化能力。

此外，噪声水平也会影响逼近的质量。Mars 等人证明，噪声水平的增加会降低逼近的质量。Tsakalis 在他的文章中也认同了这样一种观点：如果想正确辨识各个参量，持续激励信号必须要求频率变化充分丰富，且振幅很大，但是闭环稳定性又要求振幅较低。

3.5.2 闭环控制中的激励

与一般的函数逼近算法不同，闭环控制的样本数据并不能任意选取，而是由被控过程本身的特点决定的。对于线性过程来说，如 FIR 自适应滤波器用于逼近函数或辨识参量，在持续激励的情况下，滤波器的系数会收敛到正确指数值。这也意味着，如果采用一个单层线性感知器，则在持续激励的条件下，也会收敛于预期的线性函数。在自适应滤波器的例子中，滤波器的结构与线性控制过程的构造相同，因此，辨识过程本质上就是参数估计。在持续激励条件下的参数收敛意味着网络映射也可以收敛于期望的映象函数。

然而，在采用多层感知器（MLP）的情况下，持续激励并不能保证这种收敛。MLP 的结构与线性过程不同，它比单层感知器更加一般。这种通用性赋予它更强的表现能力，但同时也会由于过参数化而导致它的泛化能力变弱。

MLP 网络的泛化就是在学习样本和外推区域间的插值计算。为了让插值更加接近于待拟合函数，同时也尽量减少学习样本数，则选取的学习样本应该集中于输入空间的学习区域，并且学习区域的外推范围也较小。因此，可以得到结论：

结论 3-6 若想获得满意的函数逼近效果，学习样本应该充满整个可能的输入空间，并且保证足够的密度。

学习样本实际上是过程的状态值，它们位于由激励与过程特点决定的相轨迹上，因此，学习样本的分布与激励和过程特点密切相关。

3.5.3 过程特点与泛化能力

很多过程本身的特性，如可控性，对相轨迹都会有影响。此处可控性是指在适当的激励情况下，过程能够在一定的时间内达到预期的状态。因此，如果过程是可控的，在适当的激励下，理论上相轨迹可以覆盖整个相空间。这恰好是运用 MLP 来逼近或辨识函数所需要的。

线性过程的相轨迹除了受可控性影响外，也受带宽相关性的影响。虽然由可控性可以保证在适当的激励条件下状态空间的每一点均可以达到，但是，如果没有刻意使激励为特殊值的情况下，相轨迹的分布受带宽影响程度更大。在白噪声激励下，窄带过程的输出高度相关，并且相轨迹也被限制在对角线两边的狭窄范围之内，不过，相轨迹最终也有可能覆盖整个状态空间。

这种情况下，相轨迹的分布是非均匀的。若想获得大部分状态空间上的满意逼近，被控过程应该是宽带的，或者对过程激励条件进行特别的设置，而这只有当学习样本以一定密度完全覆盖整个状态空间时才可能达到，当然，前提假设是学习时间足够长。Mukhopadhyay 和 Narendra[132]也指出，当训练样本为非均匀分布的情况下，采用固定的 MLP 网络，通过对过程进行离线辨识，并不能获得较好的泛化性，因此，需要改用在线调整来进行补偿。

对于非线性系统来说，如果系统的非线性函数约束条件是控制变量为满秩分布，则在适当的输入激励条件下，被控系统可以在一定的时间内从状态空间任一始态到达任一末态。这也意味着这样的非线性过程是可控的，并且状态空间的任一点均可达。

可控性只能在理论上保证相轨迹图覆盖整个状态空间，然而，同线性过程一样，一定激励条件下的相轨图由过程的动态性决定。对于线性过程而言，过程的带宽会影响相轨图，并决定过程的瞬态响应。宽带过程瞬态响应衰减较快，在外部激励下，输出受以往经历影响程度比较小，相关性相应减弱，相轨图覆盖范围增大。相反，窄带过程由于瞬态响应时间长，相关性强，相轨图往往集中在对角线附近。因此，我们可以得知：

结论 3 - 7 使相轨图摆脱约束，覆盖整个状态空间，需要持续的激励。

有关带宽与瞬态响应的思想不能直接用于非线性过程。然而，从上述对线性过程的分析可以推断出，非线性过程的相轨图会受平衡吸子强度影响。对于一个强吸子，被控过程的输出间相关性较小，相轨图覆盖范围大；对于一个弱吸子，相轨图大多集中在对角线附近。强吸子指对于任何平衡点的偏离均可很快将它拖回。该情况有些类似于线性过程中瞬态响应的迅速衰减。要想利用 MLP 获得对过程的满意辨识，无论是对于线性过程还是非线性过程，均需要有短暂的瞬态响应。

在此简单说一下 MLP 在混沌时间序列预测中的使用。一个混沌过程的相轨图被相空间的奇异吸子所限制。通过长时间的观察，通常可以获得学习样本集，能够给出对奇异吸子的典型表示。因此，MLP 可以被训练来进行预测。但是，这种采用神经网络对混沌时间序列进行短期预测的正确程序主要取决于混沌时间序列中激励条件的持续，以使神经网络得以进行正确的辨识。对于一个典型的控制问题而言，这个条件更难以保证。

3.5.4 小结与讨论

总的说来，如果把网络权重看作参数的话，那么采用 MLP 网络进行非线性逼近与参数估计的方法相似。不过两者之间还是存在区别的。参数估计的目的在于使参数收敛到一个唯一的最优值，而 MLP 网络逼近算法中，最关心的并非权重值。由于 MLP 网络的多值特性，在全局输入输出关系对期望映射有较好逼近的情况下，权重可以取多个不同的值。此外，MLP 网络比一般的参量模型具有更强大的表现能力。当使用 MLP 网络对被控过程进行逼近时，需要有随机激励。它不仅是为了获得适当的学习样本，也为了保证权重的收敛性。

在实际应用中，神经网络的通用性也未必让它们处处占优。对于线性过程来说，采用单层线性感知器辨识过程比采用 MLP 网络约束条件更少，学习时间更短。此外，虽然 MLP 网络有更强的表现能力，但单层线性感知器的泛化性更好。若想得到满意的逼近效果以及学习效果，神经网络内部结构与被拟合过程之间的匹配程度极其重要。神经网络对于简单的线性或者可线性化被控过程并不适用，因为它可能导致控制器严重的过参数化与极低的性能。

采用 MLP 网络进行过程逼近，被控过程以及激励均需要满足一定的条件，并且性能也可能并不高。如果逼近只限于状态空间的一小部分，从理论上说，这样的逼近就不是完全逼近。譬如，在窄带过程中，近似值常常被限制在对角线附近，一般情况下，过程的相轨图很少偏离这个范围。要使相轨图突破这个区域，就必须存在较强的高频激励，但这种情况在实际控制过程中又很少发生。后续章节将对持续激励问题进行详细讨论。

3.6　DIQC 优化方法的选用研究

另一个需要探讨的问题就是：对于一个在线学习的控制器，如何选择最好的逼近（随机逼近）方法。

采用模糊神经网络进行控制也可视为最优化问题：

（1）过程辨识实际上是最小化过程模型与实际过程间的差异；

（2）控制其实是某种成本函数的最小化，如最小化参考曲线与实际测量曲线间的距离。

从理论上说，在理想状态下，由于二阶算法具有收敛速度更快的特性，所以更愿意采用二阶的牛顿修正方向法，而不采用一阶梯度向量法[133]。关于神经网络的最优化方法讨论，Battiti[134]、Cichocki 与 Unbehauen 以及 Moller[135] 分别在他们的文章中给出了很好的阐述。实际控制过程中的最优化问题比理论上的论证要复杂得多。

Neumerkel 等人[136] 研究发现：由于样本数据分布是非均匀的，在二阶算法中，权重向量在很大程度上偏向于最近访问过的那部分输入空间区域，导致网络权重收敛到一个局部范围内，并且忘记已经学习过的那部分区域。这隐含着一个信息，即二阶最优化方法要求样本数据均匀分布。但这种要求往往是达不到的，比如在控制系统中，样本数据取决于过程的动态情况和被控过程的本身特点[87]。

此外，这种权重偏向也由于更新增益矩阵的指数增长而造成灾难，因此相应地要求保持激励的持续，以使权重（参量）收敛。另一方面，正如 Neumerkel 等人[136]指出的那样，一阶方法具有数字稳健性，并且不会产生这种偏向，尤其是在采用 RBF 或样条等局部回归函数的时候。因为在这些情况下，权重向量只是局部更新。这也表明，通常需要在收敛速度与噪声敏感之间进行折中。二阶方法在某些方向上能获得高增益；另一方面，一阶方法增益虽低但分布均匀，也即更加平均。

由上述讨论可得：

结论 3-8　模糊神经网络的控制问题可视为最优化问题。在最优化的二阶算法中，为了避免权重偏向，需要使样本数据均匀分布，并且保持过程动态特性持续变化。

3.7　DIQC 中 FNN 动态网络结构研究

3.7.1　简介

本节对模糊神经网络（FNN）结构的相关问题进行探讨。研究如何根据所给问题构建最佳模糊神经控制器。正如前面所讨论的那样，当结构适宜时，模糊逻辑推理系统以及某些神经网络可以在全局上以任意精度逼近任意映射。下面主要阐述基于神经网络。由于模糊神经网络可以被看做是一类特别的神经网络（B-样条），因此，神经网络的结果对模糊神经网络也同样适用。

神经网络训练中一个重要的问题就是偏差/方差两难问题。它可以定义为：

定义 3-3　一个只有少量参数（权重或节点）的神经网络是有偏的，相比较有大量参数的神经网络而言，它能够逼近的那类函数有一定的局限性。但是，有大量参数的神经网络对噪声以及训练数据中的错误会更加敏感，当问题变化时，它的泛化能力变差，这种现象称之为偏差或方差两难。

对于有些问题来说，具有少量参数的神经网络不能达到逼近目的，这就需要具有大量参数的网络来保证结果，但是，如果网络参量太多，柔性虽强，但也可能得不到期望的映射。在实际控制过程中表现为收敛缓慢。原则上说，柔性更大意味着逼近能力更强，但在实际过程中，逼近情况反而变得恶劣，收敛速度很慢。

对这种偏差或方差两难的一个简单解决办法就是掌握更多有关目标映射的信息。如果期望映射已知，则可考虑采用适当的偏向，以使学习效果更加显著。然而，在绝大部分实际问题中，如工业控制过程，有关期望映射的信息并不完善甚至根本不存在，研究者寻找出一种统计方法，并成功应用于神经网络，即用逐渐扩展网络偏向的方法来训练网络[133]。通过逐步增加网络柔性的办法，来避免因偏向过大或过小而导致的问题。这种方法的有效性也被证实，如在 Kohonen 网络中相邻函数大小因改变、Elman 网络中记忆增强[134]等。

由于减少偏向可以提高网络性能，因此需要考虑如何去实现偏向的减少，或者说在哪些点上增加必要的自由参量。这个问题可以通过采用构造性算法来解决。有很多方法可以用于在线构造神经网络。Quartz 等人[137]在他们的文章中指出，根据外部输入的改变而相应进行逐步修正的神经网络能解决那些固定学习器所面临的问题。此处固定学习器定义为只能从固定的有限集合中选择表达式的学习系统。这种情况类似于学习/自适应控制与固定控制之间的区别。

从神经生物学的观点来看，固定学习器面临的问题实质上是：如果表征不适当，则学习动作就不会发生。非固定性构建方式使网络具备知识获取的更大潜力。这主要是因为，这种构建方法可以在一定程度上减少偏向与分歧，从而使网络的表现能力逐渐增强。

更重要的是，在神经生物学家关于神经进化的观点中，自然选择论的地位被过分夸大了。也有一些持自然选择观点的研究者认为，从生物学角度来看，大部分可能的心理表征是在进化过程中创建的，而那些不适当的表征则被扬弃了。这种学习框架不如通过与环境的动态交互而构建表征的方法更有效。哺乳动物逐渐进化产生大脑皮质，使得神经表征结构的灵活性增加。而一般的观点却是，大脑皮层的进化是一种内部固有的增长现象。Kossel 等人[138]从人类出生后大脑皮质的生长情况证明了这一点，即通过构建性的学习，大脑皮质进化到使环境结构对它的结构与功能具有最佳影响的状态。

因此，由上述讨论我们可以得出结论：

结论 3 - 9 根据外部输入的改变而相应进行逐步修正的非固定式模糊神经网络能够有效解决偏差/方差两难现象。

基于结论 3 - 9，本书着力寻求有效的非固定式模糊神经网络构建方法。

可以发现，神经网络构造与 Pruning 算法间的关系类似于神经生物学家间构成主义者与自然选择论者的争论。神经网络的 Pruning 算法可以有效地逐渐扩展偏向，是解决偏差或方差两难问题的另一个良好的统计学习方法。生物神经系统存在生长与回缩现象，相应地支持了在神经网络信息处理模型中构造法与 Pruning 算法均有其不同效用的观点[138]。可如果随着外部环境的改变，学习系统的结构也不断地作相应修正，则可以获得更加有效的学习机。

从网络训练的角度来看，构造方法可以帮助避免局部最小或平台现象。如果在隐层中添加一个或更多个节点，就可能出现错误，或者使性能函数改变其在权重空间中的形状。

3.7.2 Pruning 算法的分类

Pruning 算法是从一个偏向性较小的巨大网络开始的。总体上说，它可以被分成两大类[139]：

（1）敏感性计算法。敏感性计算方法[140,141]通过移去节点或连接来估计它们对网络误差的影响程度，根据这种估计，剪掉那些对网络误差只有极小影响的节点或链接，然后再进行进一步的训练。Hassibi 等人的 Optimal Brain Surgeon（OBS）方法[142]就是敏感性算法的一个很好例子。OBS 依靠递归关系计算 Hessian 矩阵的逆，然后获得全部连接的显著性估计。

（2）罚项法。这种方法计算量比敏感性计算法要小。比如 OBS，也是罚项法[142~144]。罚项法包括一个误差项，网络需要使这个误差项尽可能地小。通过调整参数值来减小实际误差比增加参数项更重要。在学习过程中，通过激励让某些节点或权重趋于 0（也可称作权重衰减），这样这些节点就可以从网络中剪去，因而使 Pruning 算法得到实现。Chauvin[145]采用一个包括二阶项的成本函数来测算隐节点的平均能量。节点的能量，即节点在某一训练模式下的活动变化水平，是其重要性的一个指标。节点变化显著常常意味着信息的重要。反之，如果某个隐节点的行为总是不改变的话，则认为不太可能包含有用信息。一般说来，罚项法在低激励的情况下对脉冲非常敏感，但是在经历了初始训练或激励期后，优化或估计过程的变化会渐渐减小，此时用罚项法可以获得满意的效果。

此外，研究者还提出了其他一些 Pruning 方法，例如，观测节点输出的变化和相关性情况[146]、比较隐节点权重的向量长度[147]、采用遗传算法选取最重要节点或连接[148]等。

3.7.3 构造算法的分类

构造算法大致可以分成三类，但各类之间有时会有交叉。

3.7.3.1 理论收敛法

理论收敛法[149~152]常用于布尔型网络，网络训练的方法是在现有结构的基础上，通过调整网络输出，使错误率达到最小。网络输出值的调整可以采用增加节点或隐层的手段，使正确类样本点数量增加，重复运算直至问题解决。Frean[153]提出了一种简单的递归法规，改进感知器算法。当样本点足够多时，可对各单一输出进行训练，使它们达到正确类。然后创建两个子节点，可分别向父节点提供正、负输入。由于采用了线性阈值节点，则所有的非正确类样本点均可由这两个节点调整。继续产生更多的子节点，直到所有的样本均被正确分类。

3.7.3.2 启发式最优算法

启发式最优算法[154,155]与理论收敛法相似，它们均需要训练网络，使其错误率达到最小，同时增添新的节点以进一步减小误差。它们之间的主要区别是，启发式最优算法适用于具有连续值的网络，因此，不断地增加新节点数未必能保证网络性能更优。Cascade - Correlation 学习算法（CC）[156]就属于这种构造方法。它有两个重要特点：

（1）一旦隐节点被添加到网络中后，就不再改变；

（2）结构学习算法创建新的隐节点。每添加一个新的隐节点，都会最大化输出与新节点之间的相关程度，并消去余下的错误信号。

CC 神经控制器结构如图 3 – 4 所示。

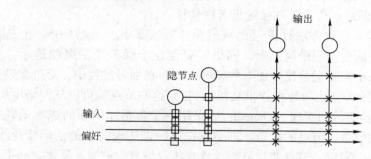

图 3 – 4　Cascade – Correlation 神经控制器结构示意图

CC 结构算法的实现步骤为：

（1）从一个仅含输入输出层的小网络开始。输入输出层间进行全连接，含可调权重。同时还包含偏好节点，设为常量 1。考虑到输出为实数，因而采用线性输出节点。

（2）采用快速传播的学习算法，训练所有指向输出层的连接，直至网络错误率不再改变时停止训练。

（3）如果训练后的网络满足规定精度，计算停止。此时，由于网络中没有隐层，因而处理的问题实质上是线性问题。

Cascade – Correlation 方法其实可以用于检测待处理问题是否确实是非线性问题。正如 Warwick 指出的那样，用神经控制器去解决线性或可线性化的问题并无益处。如果用神经网络来解决线性问题，反而会延长计算时间，降低控制器性能。

（4）如果训练后的网络性能并不令人满意，也就是说，待处理问题是非线性的，则挑选新节点。将待选节点与所有输入节点及已存在的隐节点进行连接，但与输出节点不进行连接。

（5）最大化待选节点间的相关程度，通过对所有到待选节点的连接进行训练，消除网络新增的错误。当相关性无法再提高时，停止训练。

（6）选择具有最大相关性的待选节点作为新增节点，将其作为隐节点添加进网络中，建立新节点与所有输出节点之间的连接。返回到步骤（2）。

计算一直循环下去，直到网络全局错误率达到事先给定的标准时停止。本书将不断讨论 Cascade – Correlation 算法，并在 DIQC 中选择该算法作为比较的基础。

3.7.3.3 数据驱动法

定义 3-4 数据驱动法是基于统计原理和神经网络技术的模式识别方法。它直接利用样本数据来识别参数或是决定系统处理下一步骤。

数据驱动是指在系统处理的每一步，当考虑下一步该做什么时，需要根据此前所掌握的数据内容（也称事实）来决定。它强调的是数据的主动性和重要性，摆脱了传统基于算子方法中数据主要是被动地用来验证人们在许多假设条件下导出算子的正确性，这与现代信息论的发展观点相吻合。

这类构造算法是最含糊的一类，但也是极有发展潜力的一类。数据驱动算法可以根据外部环境的变化来调整自己的结构，这点类似于自适应学习控制。网络误差函数由网络所在的环境所决定，在本书中数据环境为冷轧工业过程。在数据驱动算法中，首先估计与实际任务相符的表现结构，考虑到偏差/方差两难现象，力图事先获得更多有关目标的信息，"目标" 指过程辅助函数，即控制器。

Resource - Allocating 网络[157]就采用了数据驱动算法。该网络按照某一标准判别一个新数据项是否可以被加进现有网络。如果该数据与以往所有数据均不相同，则新增一个隐节点。Growing - Cell 结构[158]也是根据数据的可能分布来改变隐节点的。Node - Splitting 网络[159]根据现有权重的变化情况来创建节点。这样做的前提假设是：如果不增加新的隐节点，则无法正确表示所有的未知数据，所以需要用两个类似，但意义不同的节点代替原来的节点。

本书采用数据驱动算法来设计 DIQC 中的模糊神经网络（FNN）。

3.7.4 DIQC 中 FNN 结构调整算法

上述讨论主要是针对结构选择方法设计的。但很容易将结果从神经网络设计推广到控制过程中。一般说来，神经网络的泛化性由网络的大小、结构等决定。通常认为，一个最简单又可接受的网络往往会有最好的结果。对于控制问题而言，有一句众所周知的名言："可以获得期望性能的最简单控制器，就是最好的控制器"[175]。它基于节约原则或奥克姆剃刀原则。

因此，要在控制过程中采用模糊神经网络，则需要探讨结构调整与参量调整的效果。在模糊神经网络中，结构调整主要是规则结构的调整。它包括对输入变量区域的划分（隶属函数的数量），隐节点或规则的数目，规则的逻辑组合等。神经网络的参数调整主要是隶属函数、模糊权重及输出权重的位置与形式。类似地，对于神经控制器来说，结构调整包括隐层数量与每个隐层规模的调整，参数调整着重于权重的调整。

目前对模糊神经网络的研究成果主要集中在参数调整方面[58,61,63,65,67,76]，用尝试法选择结构，而对结构调整方面，即如何寻找出可以达到优化目的的最简控制器结构，研究成果不多。但是事先无法知道如何划分最小的隶属函数区域，如何得到最小的隐层，以达到最优结果。要选择这种定义超平面的结构，则需要掌握有关非线性过程的较深知识[160]。

在神经控制器中同样无法对动态结构进行确切定义[14,38,78,81,82]。甚至有人声称根本没有办法解决这个问题[161]。

如果用输入空间的聚类方法来代替常用缺省分割法"Grid Partition"也可以得到自构建型模糊神经网络[62,66]。在 Lin[66] 的文章中，采用基于极大–极小化模糊推理规则的 Fuzzy ART[162] 和增强学习。然而，Brown 和 Harris[75] 则认为，如果像 Lin[66] 那样对 T–范数（模糊与）进行极小截断操作，则会导致沿输入轴的平行线及主、辅对角线方向均不连续。Brown 和 Harris[75] 同时也证明了，在这种情况下，即便在相关曲面上也存在着大量的区域，在这些区域中系统对输入的变化不敏感，模糊推理的输出成为常量。因此，使用截断操作的模糊推理方法并不具备稳健性，相当于在操作过程中丢失了很多模糊相关曲面上的数据[75]。

根据上节分析，如果采用数据驱动方法调整结构，可以获得较好的效果。

考虑到冷轧工艺的特点，采用如下数据驱动算法：

算法 3 – 2 在模糊神经网络训练中，当误差低于或者规则节点数超过预先给定的相应的阈值时，计算结束。否则，在过程输出最大误差点处添加一个新的隶属函数。

采用算法 3 – 2，可以更有效地减小误差。首先消去偏离目标值最大的误差，然后更新规则层。重复上述过程，直到获得满意的网络，或者规则点数目超过预定值，过程结束。

3.7.5 DIQC 中"模糊与"乘积算子方法

前述讨论是有关如何在网络训练过程中调整网络结构的。对于模糊神经网络而言，还有一个重要的方面即对隶属函数"模糊与"算子的选择问题。

一般说来，对"模糊与"进行极小操作会产生非光滑控制曲面，而不像用乘积操作那样产生的是光滑曲面[75]。Brown 和 Harris[75] 研究时也指出，乘积操作构成多元隶属函数。这种隶属函数能比极小操作包含更多信息。原因在于后者只保留一部分信息，而前者能保留 N 部分信息。后来，Rojas 等人[163] 又提出，如果像 Lin 等人[66] 那样采用 Mamdani 型（极大–极小）推理，会使模糊神经控制器的性能变得极为低下。

因此，为了使 DIQC 保持良好的性能，提出如下"模糊与"算法：

算法 3 – 3 在神经网络中，规定每个规则节点与所有的输入节点和输出节点均相连，并且连接权值在学习过程中不断调整。经过第 i 个规则节点得到的隶属度值 μ_i 用如下的乘积算子计算：

$$\mu_i = A^i_{x1}(x_1) \times \cdots \times A^i_{xn}(x_n) \times A^i_{y11}(y_1(t-1)) \times \cdots \times$$
$$A^i_{ym1}(y_m(t-1)) \times \cdots \times A^i_{y1c}(y_1(t-c)) \times \cdots \times A^i_{ymc}(y_m(t-c)) \qquad (3-24)$$

使用乘积算子使模糊推理完全区别于其他算法[65,163,180,181]。另一方面，如果使用最小化算子，则会造成无论在沿输入轴的平行线上还是在主辅对角线上均不连续的现象[75]。Brown 等人也指出，在这种情况下，关系曲面上也存在着大片对输入变化不敏感的区域，在这些区域上，模糊系统的输出成为常量。因此，采用最小化算子的模糊推理系统不具有鲁棒性，同时，在那些不敏感的模糊区域面上，会造成计算信息的丢失[75]。

此外，采用"模糊与"的乘法算子能够产生光滑的控制曲面[75]，而如果采用通常的模糊最小算子则无法达到这种效果[64,66,67]。正如 Brown 和 Harris[65] 指出的那样，乘积算子适于构成多元隶属函数。相比那些采用最小化算子的隶属函数而言，采用乘积算子的隶属函数能够保留更多信息，这是因为前者只能保留一条信息，而后者可以保留 N 条。另外，如前所述，采用乘积算子可以产生光滑的输出面，这点不受输入 – 输出归一化算法的影响。

3.7.6　DIQC 中 ε 完备性要求

在 Nie 与 Linkens 合著的文章中[62]，采用了两阶段学习过程的改进反向传播网络。通过第一阶段学习决定控制器的结构，第二阶段用于控制。由于结构训练过程中不能对控制器进行操作，因而两阶段学习法不宜在工业控制过程中应用。此外，他们提出的网络在结构学习阶段只是一个纯粹的反向传播神经网络，而控制阶段也仅仅在 Kohonen 层（隐层）添加了可能性判断，使一部分图形允许多个优选值。这种网络类似于黑箱形式，因而无法对网络作出简易的解释，在操作过程也无法较容易地揉合进相关领域的知识。这种方法并不具备模糊逻辑的种种优点，因此，对于将这种方法归类于模糊神经网络是有疑问的。如果按照 Nie 与 Linkens[62] 这种对神经网络的定义："IF 输入权数，THEN 输出权数"，那么任何一个神经网络均可以被归类成模糊神经网络，这是毫无意义的。

相对于缺省分割法"Grid Partition"而言，Lin 与 Lin 采用聚类的方法、Nie 与 Linkens 所用的方法在防范"维数灾难"问题方面可能更有效，但这又与 ε 完备性[53] 矛盾。

定义 3 – 5　所谓 ε 完备性是指，对于给定定义域上的输入值 x，总能找到语意式规则 A，使隶属函数 $\mu_A(x) \geq \varepsilon$ 成立。

如果 ε 完备性不能满足，则不存在任何规则可以用于处理新增输入数据。由于 Lin 与 Lin、Nie 与 Linkens 采用的方法均不具备这种 ε 完备性规则基础，因而会产生非预期的控制效果。适应输入范围内点的缺失会使模糊控制器保持常量输出，致使控制曲面呈现出不连续状态，并出现诸如滞后等意外结果。

因此，本书在考虑 FNN 结构时，采用能够覆盖全部输入变量空间的隶属函数，以满足 ε 完备性要求，即算法 3 – 4。

算法 3 – 4 在模糊神经网络训练时，将初始输入隶属函数设计为相对每一个输入变量，均有两个包含在输入空间中等分割的隶属函数。

根据算法 3 – 4 设定的隶属函数能够满足 ε 完备性要求。这也就是说，给定输入空间中的一个值 x，总能找到某一语意式规则 A，使得隶属度 $\mu_A(x) \geqslant \varepsilon$ 成立。如果不满足 ε 完备性要求，则对于新的输入向量可能找不到相应的规则 A，从而造成不希望的控制行为。那些未考虑到的"空"点会使模糊控制器的输出保持为常量，使控制超曲面出现不连续现象，从而导致诸如滞后这样不希望的结果。这种情况在 Jang[58]、Lin 等人[66]、Nie 等人[62] 的文章中均可以发现。

3.7.7 讨论

一般说来，寻找一种可以很好适应训练数据的网络结构必定会在很大程度上影响网络的柔性，这样有可能会产生训练数据的过适现象。训练数据的过适又会降低网络处理新情况的能力。产生这种情况的原因在于模型中具有过多的自由参数，而被完全处理的训练样本数量不够多。采用模糊神经网络可以有效解决这个问题。模糊神经网络不像多层感知器那样对参数进行全局更新，而只是对参数进行局部更新，这样自由参数的数量就减少了，需要的训练结构也就变小。从数学角度看，当权重的数量小于训练集时，可以获得更好的泛化性与更快的学习速度。

此外，Ji 等人[164] 指出，当样本数据是均匀分布的时候，特大型网络同小型网络一样具备良好的泛化性。但是，当样本数据集中在映射空间的一个小区域中时，尤其面对连续的数据时，特大型网络的泛化性就可能变得极差[164]。在闭环控制中，由于过程的动态性及其性能特点的制约，样本数据常常集中在一个较小的区域内[87]，因而需要较小型的网络进行控制。这种数据相对固定的特性同时也要求局部控制结构[87]。下一节将对这点进行详细的阐述。

3.7.8 小结

正如本节阐明的那样，采用模糊神经网络对非线性过程进行控制，必须动态构建网络结构。也就是说，需要找出能够实现最优或近似最优的最小控制器结构。这也与我们的最终思想一致，即一个好的控制器，它的结构与性能是由被控过程的实际状态及期望的过程状态所决定的，其中包含尽量少的人工干预。本节提出的三个算法，正是基于上述考虑的。

3.8 DIQC 输入域要求及局部性网络架构

本节分析动态智能质量控制器对参量的线性特性及输入域的要求，以证实网络局域性架构的必要性。

如前所述，RBF 网络和模糊神经网络均属于含线性参量的网络逼近方法。类似的还有 BOXES、CMAC、B/I（bisis/influence）等网络。另一方面，带 sigmoid 转移函数的多层感知器（MLPs）属于非线性逼近方法。

含线性参量逼近方法的主要优势在于：对于均方误差型的成本函数，由于成本函数为参数的二阶函数，所以只有一个全局最小值。在这种情况下，最优参数逼近主要依赖于样本数据的分布。因此，不同的样本数据集会导致不同的逼近结果。但这并非多个局部最小值的原因，而是成本函数中所用样本分布密度不同造成的。

从另一个角度来看，在闭环控制中，由于过程的实际状态与输出受过程动态性制约，因此样本数据并不能够被随意选择。此外，期望输出也由被控问题的特点所决定。在这种情况下，扩展训练期内训练样本却常常集中在一个很小的区域内。一方面调整参量可以修正全局输入输出映射，另一方面又受这种数据固定特性的负影响。例如，如果重复调整一个具有全局影响的参量，使输入输出映射在某一输入区域内能够得到改善，却有可能同时在另一个区域内恶化，致使已获得的学习效果被抵消。

这个问题的表现之一就是移动目标问题（moving target problem）[156]。移动目标问题也称为羊群效应（herd effect），当网络同时执行多个计算任务（如同时控制两个或多个过程的输出）时可能会出现。在一个全局 sigmoid 型神经网络中，网络的每个隐节点各自决定要处理的问题，如果某一任务比其他任务发出了更大或者一连串的错误信号，则所有的隐节点都会转向这一任务而忽略了第二个任务。

一旦第一个问题被解决，隐节点会关注第二个问题。然而，如果所有的隐节点均关注第二个问题的话，第一个问题又会出现。最后，在长时间的犹豫之后，隐节点群会分成两部分，分别处理两个次要问题。Fahlman 和 Lebiere 指出，解决移动目标问题的办法之一是只允许少数隐节点立即转移任务，而其他隐节点保持不变。这就要求网络是局域性的。

上述讨论与 Narendra 等人的观察结果一致。他们用一个多输出的 sigmoid 型神经网络去控制所有的输出，但是这样的网络在调整参量时遇到了困难，因为各个输出误差是在不同的时间观察到的。为了解决这个问题，有几个输出向量，他们就采用几个网络。他们遇上的问题正是移动目标问题，也就是，一个全局性网络难以同时应付多个不同的输出。

由此，我们可以得出采用局域性网络的必要性：

结论 3 – 10　在闭环控制中，全局性网络难以解决羊群效应问题，因此，采用空间局部性网络架构与学习规则是必要的。

根据结论 3 – 10 所述，上述控制问题的特点是要求控制器具有空间局部性架构和学习规则。在这种结构下，某一输入空间的学习行为对从其他部分获取的知识具有边际效应。虽然 sigmoid 型网络均是全局型网络，但很多其他网络具有这种局部空间特性，如 RBF 网络、BOXES、CMAC、B/I 网络（bisis/influence）以及模糊神经网络等。模糊神经网络根据输入产生输出时，只是与最初及训练中产生的规则部分匹配。这种部分匹配的特点使类似的输入产生类似的输出，而不同的输入产生独立的输出。因此，网络是局部泛化的。

模糊神经网络以及上述其他网络的局部学习较 sigmoid 前馈型神经网络而言，计算强度大大减小，运算速度更快。原因在于模糊神经网络的权重调整只需要在网络的某些部分（局部网络）进行。模糊神经网络的输入域由不同模糊集上的各个输入联合决定。通过对这些模糊输入进行逻辑合并，模糊神经网络的整个输入空间被分割成多个模糊子区域。每个区域内采用一个局部子网络。通过对全部局部子网络的输出值进行光滑插值，得到全局网络输出值。但是，在一个全局网络中，如 sigmoid 多层感知器，权重调整是在整个网络中进行的。

模糊神经网络与具有滑动模态的交换变数结构系统极为相似。模糊神经网络的优点在于，由于模糊神经网络各区间存在重叠，因而交换是光滑的，但 Utkin、Slotine 等人系统中交换却是不连续的。后者可能会产生颤动等副作用。不少研究者尝试过将变换变数结构系统嵌入 RBF 网络或模糊神经网络中[34,108]。

Narendra 等人[14]提出为不同类型的输入储存已设计的控制器，这种解决方案也与模糊神经网络相似。对于在线遇上的每一个特殊信号，Narendra 等人提出将其分类，并且交给所有储存控制器中最合适的那个去处理。这种方法与模糊神经控制器在思想上相似。在模糊神经控制器中，对于每个特别的输入，都由网络相应的某一部分处理。同时，整个网络覆盖整个定义域（适应范围）上的全部可能轨线。模糊神经网络与 Narendra 等人所提方法的重要区别在于：模糊神经网络的转换是光滑的，而后者是不连贯的。

Narendra 与 Mukhopaghay 的方法可以看做是神经网络在具有滑动模态的变结构系统中的特例。因此，在转换过程中同样可能出现颤动等不足。另一方面，模糊神经控制器可以看成是模糊版的变结构系统，它能够在各控制区域间平滑地转换，避免了颤动现象。此外，假如转换过程太慢，系统无法保持稳定，那么模糊神经控制器的性能也同样会降低。

由上述讨论可以得出局部神经网络的可行性结论。

结论 3 – 11 在闭环控制中，局部性模糊神经网络可实现各控制区域间的平滑转换，较好地保持全局网络输出性质。

正如 Feldkamp 等人[165]指出的那样，称局部神经网络中的学习比全局神经网络中的学习更简单或者重要性要小，这是很不公正的。局部神经网络能够有效的解决困难问题，如高维输入空间中数据稀疏等情况[165]。这也表明，对学习问题而言，复杂的解决方案未必总是有效的。在涉及采用神经网络控制线性或可线性化过程问题时，本书对这一观点进行了阐述。因此，在解决冷连轧过程控制问题时，应采用多个局域性模糊神经网络。

3.9 DIQC 在线学习的必要性

本节对采用模糊神经网络进行过程控制在线学习的必要性进行讨论。

控制系统的学习可以看做是增加的函数逼近。被学习函数是一个映射关系，它描述了动态系统的某些特性。

从神经网络学习的角度看，神经网络中权重的调整通常通过批处理方式或者是离线学习方式来实现。但是，此处要求的是根据误差 $\varepsilon(t)$ 即时调整权重（即进行仿真学习或在线学习），尤其在动态与非固定的情况下要求做到这一点，即过程参量能够随着时间而变化，神经网络的训练数据为连续的数据流。在仿真学习中，训练样本数量相对较小，并且会被重复使用，如果 $|\varepsilon(t)|$ 小于一个事先给定的很小常量 ε，或者全部样本中输出结果达到事先设计的最大重复数量，则权重调整过程终止，训练结束。

从另一角度看，在线学习需要引进一些随机（噪声）样本，以帮助输入值逃离惯常的小区域。相反地，固定的批处理方式则往往采用一些内部过滤方法，以得到有关全局梯度的信息，进而决定下一步骤。虽然批处理方式可以提供有关梯度的较好估计，也可以避免由不同模式造成的权重变化间的相互冲突，但如果不对其学习速度进行有效改进的话，它的计算量就会非常大。但是，同闭环控制情况一样[137]，当被控系统能够被冗余样本刻画时，在线学习就是首选。此处，冗余样本是指在闭环控制中样本数据变化小，也就是说，数据相对固定。在这种情况下，那些相似的样本对梯度变化的影响也就很小，如果用批处理方式，先计算这些不明显的梯度变化，再更新权重，则计算很可能是无意义的。

要求进行在线学习的原因也在于：在闭环控制中，不可能有一个固定的范围，可以包含所有那些分布在整个允许区域内的训练样本。因此，如果采用离线学习方式的话，不能保证控制器可以经过训练得到同在线学习一样好的效果。前面章节中的讨论也清楚地表明，一个固定规模的控制器，即使使用了智能方法，也只能获得有限的学习效果。为了提高效果，就需要采用在线学习方式，这也是唯一一种符合智能（或自动）控制定义的方式。

3.10 DIQC 反馈结构的必要性

本节讨论动态智能质量控制器中采用反馈结构的必要性。

很多神经控制方面的著作都是有关过程模型研究或者采用静态 MLP 在开环

模式下进行过程辨识的。Levin 与 Narendra 早在 1996 年就指出，对于静态过程，采用开环策略是可以奏效的；但是对于动态过程来说，继续采用这种方式就不切实际了。因为在具有干扰以及参数不确定的情况下，系统不再是稳定的。

在实际的过程控制中，控制器对过程变化的适应能力至关重要。虽然可以将标准的 PID 控制器调整到过程的当前状态，但却无法有效地解决过程的不稳定性。在实际控制过程中，与前馈网络（相当于开环控制）不同的是，需要采用外部循环（即反馈）网络[166]——也相当于采用一个闭环控制——来解决过程参量的瞬时变动问题。这种外部循环神经网络也称作 Jordan 网络或是 Taped Delay Line 网络[167]。

本书采用反馈型控制器来解决过程参量的瞬时变动问题。外部循环的闭环反馈结构能够提供控制过程中的瞬时信息，也就是说，这样的网络可以提供动态的输入输出映射（如图 3-5 和图 3-6 所示）。

此外，现有的一些采用模糊神经网络来解决多变量动态问题的办法并不完善。一般的做法是，如果被控过程的次数为 n，则设计 $n-1$ 个结构类似的单输入单输出（SISO）模糊神经控制器，当然，前提条件是输入输出变量均是独立的。但是，绝大部分被控过程的变量间存在着强耦合，此时，一个控制信号往往由多个测量信号综合而来，在这种情况下，只用简单的 SISO 控制器就无法解决控制问题了。Driankov 等人[168]指出，解决这种问题的最好办法是利用状态变量的反馈来合并这些局部控制器。

很多研究者也提出了一些定结构反馈型模糊神经网络[61,76]，但相对于前面所述动态构造的模糊神经网络而言，这些具有固定结构的控制器就显示了它们的不足。此外，如 Khan 与 Unal 提出的模糊神经网络事实上只是一个循环。在他们的网络中，循环是在隐层和输入层之间进行的。但只有当网络仅有一个隐节点和一个输出节点时，隐层的输出与网络的输出才一致，因此，这样的循环并不能算作真正的反馈。

3.11 DIQC 的稳定性研究

3.11.1 简介

本节对全局控制问题的稳定性要求进行探讨，特别关注为使全局闭环稳定而对控制器的持续激励、递减学习率等方面的要求。这里并不打算找出一个有关稳定性的精确数学证明，目的只在于寻找一个实际可行的稳定措施，以确保控制系统闭环性能的稳定。

对于使用神经网络工具解决无参控制问题的稳定性，很多研究者作出了精确的数学上的证明，如 Farrell[120]、Jagannathan 与 Lewis[99]、Kosmatopoulos 等人[101]、Polycarpou[104]等。但是，对于模糊神经网络，还没有研究者作出同样的工作。Wang[63]、Su 和 Stepanenko[170]等研究者用专家系统知识来解决模糊神经控制器的稳定性问题，这些方法中都使用了二元选择过程模型。

此外，Wang[63,169]采用了一个管理控制器，将事先定义的主模糊神经控制器约束在稳定的区域内。这种方法需要完全知道主控制器的稳定区域范围，而在事先很难做到这点。而且，也不能保证管理控制器本身一定是稳定的。即使管理控制器能够有效地将主控制器约束在稳定区域内，也有可能产生振动，从而给过程行为带来极坏的影响。其后，Johansen[100]、Spooner 与 Passino[108]、Wang[171]等研究者依旧用参量控制的方法去解决模糊网络的稳定性问题。

从上述讨论可见，在今后纯神经控制的稳定性研究方面，考虑非参量未知结构模糊神经网络数学上的稳定性很有意义，近年来，关于线性参量型神经网络局部稳定性研究上的成果[101,104,120]对模糊神经网络稳定性的研究有很大的推动作用，这是因为，模糊神经网络是这种线性参量型神经网络的一个特例。

一般说来，对于稳定性的研究均需要严密的数学上的证明，而不是使用限制性的假设——比如假设激励的持续，假设已有一定程度上的有关被控过程的知识等等。因此需要这方面更进一步的研究工作。同时，也要求用实际的复杂工业过程去证明这些数学结论的正确性。但实际工作中，这种证明大多只是在简单的问题上进行的，对于线性控制问题而言，这点较易做到。而对于复杂的问题，由于很多时候不便用实际工业过程去检验，因此，很多关于稳定性措施的研究只能局限于确认这些方法在实际控制过程中是可行的。

3.11.2 激励的持续

本节讨论闭环状态下渐近稳定对持续激励的要求。

在对模糊神经网络闭环控制的稳定性研究过程中，不知什么原因，关于持续激励这一重要条件似乎被很多研究者忽视了。比如，Su 等人[170]采用一个源于专家系统的模糊模型去替换无力保持持续激励的情况，他们猜测可能是参数估计需要有一定的限制，但却没有采取任何办法尝试保持持续激励。

在古典自适应控制研究中，对于持续激励的要求已有很长历史。持续激励是保证自适应算法指数稳定的条件。如果这个条件不满足，则可能导致猝发（bursting）现象，也叫参数漂移。也就是说，如果不能保证持续激励的话，控制器的参数量将会变得非常庞大以致形成猝发现象。因此，输入输出信号必须包含充分丰富的频率，以达到网络学习的目的。

Tsakalis[112]认为，参数漂移可以看做是病态优化问题的非鲁棒性表现。这种结构下的错误溢出是参数逼近 Lipschitz 连续的直接结果。在不满足持续激励的条件下对时变参数进行估计或逼近是一个新的理论研究问题。在输出误差为 0，参变量任意的初始条件下，想获得上极限 limsup 同获得 $L\infty$ 一样困难[112]，因此，我们可以得出如下结论。

结论 3-12 在闭环控制中，要想使猝发现象不发生，则需要控制器具有无限自适应增益，或者增加激励。

然而，向闭环系统中添加人工激励信号不仅是不切实际的，也是危险的。因为这种作法不仅可能激发过程的高阶动态模式，也可能给产品与设备带来损伤。利用过程本身存在的噪声或干扰来保持激励操作性更强些。由于这些噪声或干扰是不可测量的，它们对可测变量的作用同样也不可测。

要解决持续激励问题，最基础的要求是设计者对外部输入激励水平的控制尽可能小，甚至没有[120]。这也就是说，需要频率充分丰富、振幅大的高电平激励信号，以正确辨识各个控制参量。然而，典型的控制目标又要求低电平激励，例如，规则、无扰动、低频信号跟踪等[120]。

但是，这个结论在自适应信号处理中又不存在了。若想从信号中过滤出噪声，采用最优 Kalman 滤波器或是 Wiener 滤波器并不是最好的办法，因为它们不可避免地会产生相位扭曲[121]。更好的解决办法是引进含噪声的参考输入 $x_n r$，它与原始噪声 x_n 相关。网络滤去参考噪声 $x_n r$，得到真正的噪声估计值 x_n^*。然后从原始输入 $s + x_n$ 中减去噪声，即可得到期望的信号估计值 S^* [121]。

因此，在智能控制中，可以考虑对过程中已存在的原始激励进行控制，同时将相同的含噪声信号（状态变量）分别输入控制器和参考模型。如果参考模型正好选用的是一个滤波器，则参考模型的输出可能是包含可接受噪声的期望信号。根据实际过程响应值与以由参考模型所得期望响应值之间的误差，就可以找出所需的辅助函数（控制器）f_c。辅助函数能够在含噪声输入及参考模型期望输出之间将初始过程函数 f_p 映射到期望输出值上。在这种情况下，参考模型代表了期望过程 f_d，即控制器与初始过程。这也就是算法 3-5：

算法 3-5 通过向控制器和参考模型输入同样的含噪声信号，使激励保持固有的电平，从而实现全局控制。采用滤波器形式的参考模型，以使参考模型的输出为含有可接受噪声的期望信号。

从上述讨论可知，期望输出 y^{sp} 与系统输出 y 间的差平方：

$$\varepsilon_1(t) = \frac{1}{2}(y_1^{sp}(t) - y_1(t))^2, l = 1, 2, \cdots, m \qquad (3-25)$$

不能作为模糊神经控制学习的目标函数来进行最小化。假如采用这样的 $\varepsilon_1(t)$ 作为目标函数，由于设定点没有持续激励，则模糊神经控制器的学习可能得到难以实现的位置点。为了解决激励无法持续的问题，可以在参考模型上输入状态变量 x，从而获得期望响应输出 y_d。在这种情况下，激励由真正的过程信号（状态）决定，并且受干扰信号 d 及噪声 n 的影响。

这样，目标函数就可以相应地改成系统输出 y 与参考模型输出 y_d 之间的差平方。即：

$$\varepsilon_1 = \frac{1}{2}(y_1 - y_{dl})^2, l = 1, 2, \cdots, m \qquad (3-26)$$

此外，也可采用如下算法：

算法3-6 采用系数最优的优化设计方法，将全局过程转移函数变换到期望的映射。采用含系统过滤器形式的参考模型相当于用系数最优标准来保证期望的过程动态特性变化。

算法3-6采用含期望转换函数的过滤器作为参考模型，这样可以保证过程变量具有期望的动态特征。当过滤器的频率响应发生变化时，闭环的频率响应也随之调整。当要求时变过程随全局转移函数的变化而达到特定的期望性能时，可以考虑采用这种形式的参考模型。这是一种系数最优（Modulua Optimun）的设计方法，也可称为环形方法。这种设计可以保证任何时候均能得到导师信号，即使过程行为发生变化也不例外。

在前一节的讨论中，可以清楚地知道这也是直接性能自适应学习控制的目的。因为那种全面性能良好的非线性模型是不存在的，所以可以考虑采用一些线性稳定的参考模型，如 Butterworth 过滤器等。Butterworth 过滤器根据模量最优标准选择系数，以使那些常见的控制指标，如过冲、延迟时间、稳态误差等，达到期望值。然而采用这种一般的参考模型并不一定能达到理想的控制效果，因为当用于大范围的过程控制时，必须保证实现足够的控制性能，而这些参考模型未必能达到。因此，采用模糊神经网络控制器，将过程初始转移函数修正为期望的转移函数。

3.11.3 学习率边界

本节讨论控制器渐近稳定对学习率边界的要求。要求学习率具有边界是为了避免过学习而造成全局控制系统不稳定现象。

为了避免因控制器的学习率过大而造成的控制器不稳定性问题，通常取较小的学习率初值，并且逐渐减小[167]。Hrycej 指出，对于增加学习，学习率应该严格限定在随机逼近理论[84]稳定性要求的范围之内。Srinivasan 等人[173]同样认为神经网络中学习率必须有边界限定。随着那些构造性神经网络（如模糊神经控制器）规模的逐渐加大，网络的学习变得更加随机。相应地，学习率就必须很小，并且逐渐递减，这样才能保持学习算法的稳定性。这点也与 Narendra 和 Mukhopaghay 的观察结论相符，他们发现，具有较小步长的梯度方法不会造成系统的不稳定。

可以看出，上述讨论与一般的神经网络学习情况类似。在神经网络学习算法中，学习率 η 通常被设定成一个很小的常量，如 $\eta = 0.005$[174]。如果 η 太小，收敛速度就会很慢；如果 η 太大，又会产生持续的不稳定，即误差量 $\varepsilon(t)$ 会发生震荡，而无法收敛。在这种情况下，需要将学习率设成可变的。有很多研究者采用既可变大也可变小的可变学习率[58,175,176]。

一般情况下，在控制过程中，如果采用递减学习率，则表示测量到的信息越来越少；如果采用增大的学习率，则表明对过程的动态特性把握能力比较小[177]。

对于动态构建的网络而言，根据上述讨论的稳定性要求，需要采用不断减小的学习率。此处，控制器的所有信息均依赖于对过程的测量，而没有任何外来的有关动态过程的附加信息。因此，本书采用的自适应学习率算法中只选用递减的学习率。

模糊神经控制器初始学习率相对较大，可选 $\eta(t=0) = 0.01$，这是为了保证学习速度。当误差函数 $\varepsilon(t)$ 开始增大时，学习率根据下述迭代公式递减。

$$\eta_{new} = r_c \eta_{old} \tag{3-27}$$

式中，系数 r_c 在（0，1）范围内。这种逐渐递减的学习率可以有效避免控制器的不稳定问题。此外，这种逐渐递减的学习率对收敛速度也有很大改进。

对于模糊逻辑推理系统，还有一个特别需要讨论的问题。最常用的两种去模糊化方法是：重心法去模糊化（Center Of Gravity，简称 COG）也称权重平均法，最大平均去模糊化（Mean Of Maxima，简称 MOM）。不少研究者对 COG 法提出质疑，认为它很少能提供在作用范围极值情况下的控制办法。但从稳定的角度来看，上述 COG 去模糊化方法的不足之处又成了它显著的优势，因为它能够防止过于急进的控制而使系统保持稳定。这点同采用较小步长的原因相同。因此，本书采用 COG 去模糊化方法。也就是说，在输出层，每个输出节点通过与其相连的所有规则节点接收输入信息。DIQC 的输出 u_1 通过权重平均（COG）算法得到。

$$u_1 = \frac{\sum_i \mu_i w_1^i}{\sum_i \mu_i} \tag{3-28}$$

在简化的模糊推理中应用权重平均法可以避免如前所述因过控而引发的问题。此外，相比最大平均去模糊化方法而言，COG 可以获得更光滑的输出面，同时大大降低计算代价和算法储存空间[65]。

此处，采用权重平均方法的模糊推理系统可以被看成是局部控制器。权重平均是 COG 去模糊化方法的简化，实际上是局部控制器输出值之间的插值运算，因此，模糊神经控制器可以看成是一个多输入单输出的控制映射系统集合，每个系统都是多输入单输出的控制器。

Brown 和 Harris[75]认为，如果采用 COG 去模糊化方法，三角隶属函数可能会使模糊推理的输出变成分段线性的。事实上，如果采用钟形（Bell – shaped）隶属函数[58,62,63,66]，也可以得到近似分段线性输出，但是超平面表面会有一些较小非线性中断。因此，主要是因为选用了 T – norm 算子和去模糊化方法，才使输出表面的最终形状受到影响，而并非隶属函数形状的原因。

Rojas 等人[163]研究发现，影响模糊逻辑推理系统性能的因素按其影响程度大小分为：去模糊化方法、T – norm 算子和隶属函数。去模糊化方法对性能的影响是隶属函数的 149 倍，T – norm 算子是隶属函数的 19 倍，这与 Brown 和 Harris 的观点相符。因此，采用三角隶属函数、乘积算子和 COG 去模糊化方法是目前技术中最好的组合。

因此，如果像很多研究者那样采用 Mamdani 型（最大 – 最小）模糊推理方法[64~67]可能会使模糊神经网络的性能非常低[163]。另一方面，如果像 Jang[58]、Nie 和 Linkens、Wang[63]等人那样，采用钟形（高斯型）隶属函数，则又造成很多不必要的计算，同时对网络整体性能并没有改善。一般研究者认为，采用如高斯型之类的连续型隶属函数会取得效果，但事实上，如果采用乘法算子可以使模糊推理系统完全可微。

3.11.4　小结与讨论

正如 Passino 和 Yurkovich、Spooner 和 Passino[108]等人指出的那样，对于控制系统的稳定性问题，即使用数学上的精确分析也无法给出明确的答案。这种分析可以给闭环过程提供模型工具，但无法给实际的动态物理过程提供确切的模型。虽然数学上的分析可以对控制系统的稳定性进行精确的描述，但这种描述只有在具有精确的数学模型情况下才是准确的。

在模型与它真正的物理过程间存在差异的情况下，稳定性分析在证明物理控制系统的性能方面有一定的价值。事实上，无论过程的模型如何精确，它与真正的物理过程间依旧存在偏差。原因很简单：有很多控制系统设计者事先无法控制的变量会影响被控过程的性能，比如空气湿度、气温与压力的变化、来自其他过程的电磁影响等。因此，对即使是数学意义上的稳定性分析结果也要慎用。

在对系统稳定性进行精确的数学分析，或者进行仿真研究的时候，并不总是需要模型。一般说来，当实际过程非常复杂，只用简单假设会导致与实际相悖的情况下才采用模型。对于控制系统的精确的数学分析需要事先确定过程的模型，并满足某些连续性约束条件，甚至有时候还要求过程是线性的或者作线性化分析。他同时指出，现用的那些控制系统稳定性数学分析方法，本质上都要求被控过程是线性时变系统，即使有非线性因素，也是包含在闭环的某一非线性组成部分当中。

此外，对于已知结构的模糊控制器，可采用 Lyapunov 逼近得到其稳定的充分条件。但对于模糊控制器或模糊神经控制器，如果采用一些更简的启发式逼近方法，也能得到闭环系统的稳定性操作。非线性稳定分析的困难是众所周知的，如果采用传统的 Lyapunov 稳定分析方法，则难以证明这些系统的稳定性。此外，Lyapunov 稳定逼近只是充分条件，要想获得系统的稳定或许要付出系统性能方面的代价[101]。在自动控制中，往往存在鲁棒稳定与性能要求之间的冲突，例如，在闭环中，要求很高的带宽以削弱对系统的干扰，但是减小噪声或建模错误又要求带宽很低。这种情况与神经网络学习中的偏差/方差两难情况类似。

然而，重要的是如何建立一个稳定的控制系统，而不是获得稳定性的精确证明。真正的闭环控制稳定性只有在实际物理过程中通过实践才能证明。由于我们的主要目的是寻找一个实际可行的解决方案，即如何提供可行的维持系统稳定的措施。因此，这些目标就可具体化为保证激励持续、控制器采用很小的并且递减的学习率以及采用重心法去模糊化（COG）算法。

需要强调的是，虽然采用的方法允许系统存在轻微的瞬时不稳定，但它们在仿真过程中不应该演变为大问题。本书采用的方法能够获得较好的效果正是因为它不是完美的。最终的微小输出误差保证控制器的输入处于持续激励状态，但在理想控制情况下，反而有可能出现众所周知的猝发现象。这种对目标的不完全匹配刚好降低了发生猝发现象的可能，这与自适应控制中对死区的修正类似。这里采用的办法从某种程度上说是一种谨慎的方法。

与 Cascade Correlation 神经网络相比，本书采用的基于模糊神经网络的动态智能质量控制器 DIQC 可以更容易地获得良好的性能，同时涉及有关稳定性或目标漂移问题的可能性也比较小。混合模糊神经控制器比单纯的神经网络更容易被初始化到合理的状态。虽然 Cascade Correlation 神经网络有时会比 DIQC 获得稍好点的结果，但它更加不可预知，同时在某些情况下也可能完全失败。

对于控制系统而言，相比偶尔获得很好的结果但在其他时候完全失败的情况，控制器的可靠性要重要得多。此处可靠性是指控制器在任意情况下获得满意结果的能力。因此，模糊神经控制器更有实用性，因为对它的预知性比较好，容易调整，同时也是可靠的。

此外还有一些需要注意的地方。上述观察结论是在对不同的实际复杂工业问题进行广泛仿真研究的基础上得到的，但并没有在实际领域中进行验证。标准的控制系统设计周期应该是设计、计算机仿真、现场验证、应用，因此，本书所做工作只能看成是它的前两个阶段。相应地，我们也不能声称仿真得到的观察结果以及理论适合在实际工业过程中应用。然而，可以认为，即使拿到实际工业过程中去检验，该方法会比很多常用的解决方案更好。

3.12 全局 DIQC 的构建设计

根据 3.4～3.11 小节的讨论，综合结论 3－1～结论 3－12 以及算法 3－1～算法 3－6，本节提出动态智能质量控制器（DIQC）的全局协调及子系统控制器具体构建算法。

3.12.1 全局协调控制策略

冷轧工业系统全局协调为递阶稳态优化，是在两层结构下进行的：各局部决策单元并行进行相应子系统优化，由上级协调器进行协调。协调器用来处理关联问题，各局部决策单元和协调器相互迭代找到最优解。全局控制如图 3－5 所示。

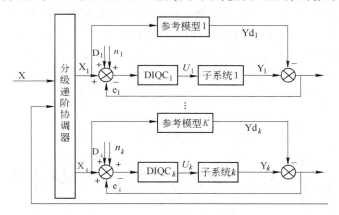

图 3－5　冷连轧全局控制结构示意图

为减少迭代次数，缩短在线控制的响应时间，总体协调控制算法采用关联平衡法[179]。其中协调器的任务为：

$$(CP)\begin{cases}求出协调变量 \hat{\lambda} = (\hat{\lambda}_1, \cdots, \hat{\lambda}_N)，使得 \\ \hat{u}(\hat{\lambda}) = H\hat{y}(\hat{\lambda}) \\ \hat{y}(\hat{\lambda}) \triangleq F(c(\hat{\lambda}), u(\hat{\lambda}))\end{cases} \quad (3-29)$$

局部决策单元任务为：

$$\begin{pmatrix}LP_i \\ \overline{i \in 1, N}\end{pmatrix}\begin{cases}对于协调器给定的 \lambda，求出 \hat{c}_i(\lambda) 和 \hat{u}_i(\lambda)，使得 \\ s.t.\ (\hat{c}_i(\lambda), \hat{u}_i(\lambda)) = \arg\min L_i(c_i, u_i, y_i, \lambda) \\ (c_i, u_i, y_i,) \in CUY_i\end{cases} \quad (3-30)$$

分析具体的冷轧工业系统，将整个系统分成三个子系统，分别为：

（1）厚度控制子系统，最终输出被控量为轧制力与辊缝调整量；

（2）偏心与来料硬度干扰控制子系统，最终输出被控量为输出规格。由于输出规格是根据对轧制力的测量而调整的，因而它与子系统（1）之间存在着强相关性；

（3）扭振控制子系统，它的最终输出被控量为电枢电流与轧辊角速度。

将基于模糊神经网络的 DIQC 作为各控制指标（如厚度、扭振、抗硬度与偏心干扰等）的子系统控制器，同时，对整个冷连轧系统进行全局协调控制。

从子系统的划分可以看出：

1）扭振控制子系统（3）的输出量为电枢电流与轧辊角速度，它与其他两个子系统间并没有较大的相关性，因此，该子系统可以作为独立的子系统进行控制，所用输入量为经过子系统（1）和子系统（2）协调后的输入量 X。

2）子系统（2）的输出量是由子系统（1）的输出量之一——轧制力决定的，而对于整个系统来说，厚度是影响质量的最关键因素，所以对厚度控制子系统的精度要求应该大于偏心与来料硬度干扰控制子系统；但另一方面，子系统（1）的变化又受上一次设定规格的输出值，也即子系统（2）的输出被控量的影响，它们之间存在关系阵 $\boldsymbol{H}$。

因此，冷连轧全局控制结构可以具体化为图 3-6 形式。

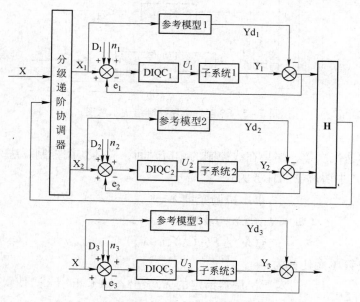

图 3-6   冷连轧三子系统全局控制协调示意图

在总体协调控制过程中，由子系统（1）和子系统（2）求出相应的优化解，再通过协调器优化含有稳态输出测量值的实际目标函数——轧制力调整量。即，先用基于 FNN 的子控制器对厚度、扭振、抗扰等方面进行最优控制，分别得出其被控量轧制力调整量、辊缝调整量、输出规格、电枢电流与轧辊角速度，再通过协调器调整输出实际产品目标函数。

由于只有两个子系统间存在着相关性，它们之间的关联阵 $\boldsymbol{H}$ 为二阶矩阵。根据轧制目标要求，引入厚度与干扰量控制间的约束 $u = \boldsymbol{H}y$ 的 Lagrange 乘子向量 $\boldsymbol{\lambda}$，将关联归并到目标函数中作为对目标函数的修正，Lagrange 函数为：

$$L(c, u, y, \lambda) = Q(c, u, y) + \boldsymbol{\lambda}^{\mathrm{T}}(u - \boldsymbol{H}y) \tag{3-31}$$

也就是：

$$L = \sum L_i = \sum \left\{ Q_i(c_i, u_i, y_i) + \boldsymbol{\lambda}_i^{\mathrm{T}} u_i - \sum \boldsymbol{\lambda}_j^{\mathrm{T}} \boldsymbol{H}_{ji} y_i \right\} \tag{3-32}$$

通过协调器对 Lagrange 乘子向量 $\boldsymbol{\lambda}_i$ 的不断修正来调整子系统（1）、子系统（2）的目标函数轧制力调整量、辊缝位置调整量、输出规格，以最后满足关联约束条件 $u = \boldsymbol{H}y$。

因此，协调器的任务为：

求出协调变量 λ_1、λ_2，使得 $u(\boldsymbol{\lambda}) = \boldsymbol{H}y(\boldsymbol{\lambda})$，此处 $y(\boldsymbol{\lambda}) = F(c(\boldsymbol{\lambda}), u(\boldsymbol{\lambda}))$。

求解时也可根据 Lagrange 对偶优化定理，将协调器的工作进一步简化为：

$$D(\boldsymbol{\lambda}) = L(c(\boldsymbol{\lambda}), u(\boldsymbol{\lambda}), F(c(\boldsymbol{\lambda}), u(\boldsymbol{\lambda})), \boldsymbol{\lambda}) \tag{3-33}$$

如果 $L(c, u, y, \boldsymbol{\lambda})$ 具有鞍点，则必有

$$\max_{\lambda} D(\boldsymbol{\lambda}) = \min_{c, u, y} Q(c, u, y) \tag{3-34}$$

而且鞍点处的 $(c, \boldsymbol{\lambda})$ 就是问题的解，并且有

$$\nabla D(\boldsymbol{\lambda}) = u - \boldsymbol{H}y \tag{3-35}$$

因此对 λ 的修正公式为：

$$\lambda^{k+1} = \lambda^k + \varepsilon_k \nabla D(\lambda^k) \tag{3-36}$$

式中，ε_k 是步长因子，这样就可采用梯度搜索优化技术来解协调问题了，这种算法收敛较快。

子系统优化由基于 FNN 的 DIQC 来完成。

3.12.2 子系统 FNN 结构及算法

子系统优化由基于模糊神经网络 FNN 的控制器 DIQC 来完成。各子系统控制器的模糊神经网络 FNN 结构如图 3 - 7 所示。

该 FNN 网络有一个输入层，一个模糊化层，一个规则层，一个辅助求和层和一个输出层。事实上，模糊化层、规则层、辅助求和层可以合并为一个规则层，该层为隐层。输入变量包括当前网络输入（过程状态）与上一步过程输出，它们通过输入结点输入网络。外部循环反馈的闭环结构可以包含那些瞬时信息，也就是说，这样的网络是动态输入 - 输出映射。每个输入结点都与规则节点相连，这样输入变量可以通过隶属函数转化成模糊数。这里采用类似于二阶 B - 样条的分段线性三角隶属函数，这种隶属函数具有易实现、计算效率高等特点。

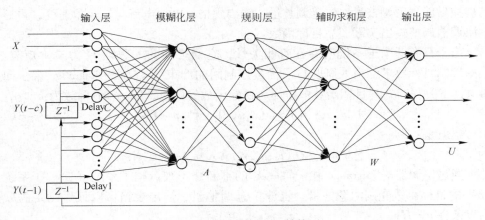

图 3-7 子系统 FNN 结构图

规则节点 i（$i=1$，2，$\cdots$，r）承载了模糊规则。此处，r 为规则节点数：

IF $x_1(t)$ is A_{x1}^i and $x_2(t)$ is A_{x2}^i and $\cdots x_n(t)$ is A_{xn}^i

And $y_1(t-1)$ is A_{y11}^i and $y_2(t-1)$ is A_{y21}^i and $\cdots y_{m1}(t-1)$ is A_{ym1}^i

$$\vdots$$

And $y_1(t-z)$ is A_{y1z}^i and $y_2(t-z)$ is A_{y2z}^i and $\cdots y_{mz}(t-z)$ is A_{ymz}^i

$$\vdots$$

And $y_1(t-c)$ is A_{y1c}^i and $y_2(t-c)$ is A_{y2c}^i and $\cdots y_{mc}(t-c)$ is A_{ymc}^i

THEN $u_1(t)=w_1^i, u_2(t)=w_2^i, \cdots, u_m(t)=w_m^i$ （3-37）

式中 w_l^i 指第 i 个规则节点与第 l 个输出节点之间的连接权重；

$A_q^i(q=x_1,\cdots,x_n,y_{11},\cdots,y_{mc})$ 为规则节点 i 相对于第 q 个输入节点的隶属函数；

$Z(Z=1,2,\cdots,c)$ 为时滞。

规定每个规则节点与所有的输入节点和输出节点均相连，并且连接权值在学习过程中不断调整。经过第 i 个规则节点得到的隶属度值 μ_i 用如下乘积算子计算：

$$\mu_i = A_{x1}^i(x_1) \times \cdots \times A_{xn}^i(x_n) \times A_{y11}^i(y_1(t-1)) \times \cdots \times A_{ym1}^i$$

$$(y_m(t-1)) \times \cdots \times A_{y1c}^i(y_1(t-c)) \times \cdots \times A_{ymc}^i(y_m(t-c)) \quad （3-24）$$

在输出层，每个输出节点通过与其相连的所有规则节点接收输入信息。DIQC 的输出 u_1 通过权重平均（COG）算法得到。

$$u_1 = \frac{\sum_i \mu_i w_1^i}{\sum_i \mu_i} \quad （3-28）$$

综上所述，DIQC 结构生成与 FNN 学习算法为：

（1）给定允许误差 ε 的阈值以及最大规则数（规则节点数）N_i。

（2）初始输入隶属函数设计为相对每一个输入变量，均有两个包含在输入空间中等分割的隶属函数。

（3）初始规则层根据式（3－37）创建。

（4）网络训练采用的学习规则为：

调整规则层与输出层间权值依据公式：

$$w_1^i(t+1) = w_1^i(t) - \eta \frac{\partial \varepsilon_1}{\partial w_1^i} \qquad (3-38)$$

调整输入层与规则层间隶属函数（模糊权重）依据公式：

$$A_q^i(t+1) = A_q^i(t) - \eta \frac{\partial \varepsilon_1}{\partial A_q^i} \qquad (3-39)$$

式中，η 为学习率。

（5）采用变学习率算法。为保证一定的学习速度，初始学习率可以定得较大，即 $\eta(t=0) = 0.01$。当误差 $\varepsilon(t)$ 逐渐增大时，学习率逐步变小，迭代公式为：

$$\eta_{new} = r_c \eta_{old} \qquad (3-27)$$

式中，r_c 为（0，1）间的系数。

采用这种变学习率算法可以避免过控。同时也能保证一定的收敛速度，使训练时间缩短，同时提高学习精度。

（6）当隶属函数间的重叠程度超过预先给定的阈值时（如 0.9），就将这些隶属函数合并为一个。采用如下的模糊相似度计算公式：

$$E(A_1, A_2) = \frac{M(A_1 \cap A_2)}{M(A_1 \cup A_2)} \qquad (3-23)$$

式中，"$\cap$" 与 "$\cup$" 分别指模糊集 A_1 和 A_2 的交集与并集，$E(A_1, A_2)$ 为 $A_1 = A_2$ 的程度，$0 \leqslant E(A_1, A_2) \leqslant 1$，$M(\cdot)$ 为模糊集的大小。

（7）当误差低于或者规则节点数超过预先给定的相应阈值时，计算结束。否则，在过程输出最大误差点处添加一个新的隶属函数。用这种办法，可以更有效地减小误差。首先消去偏离目标值最大的误差，然后更新规则层。重复上述过程，直到获得满意的网络，或者规则点数目超过预定值，过程结束。

3.13 FNN 的学习算法实现

根据上节提出的学习算法，可得网络自学习的流程图如图 3－8 所示。

用 Matlab 编写 FNN 模型程序，取来自攀钢 8000 组数据中的 5000 组数据训练网络，3600 组数据进行校验。训练采用中等规模网络的 L－M 法，收敛速度较快，经 1600 多次迭代，网络收敛到目标 0.0001。仿真所依据的轧制规程，轧制规程及相关数据如表 3－1 所示，部分样本数据见表 3－2，FNN 网络训练迭代收敛情况如图3-9所示。

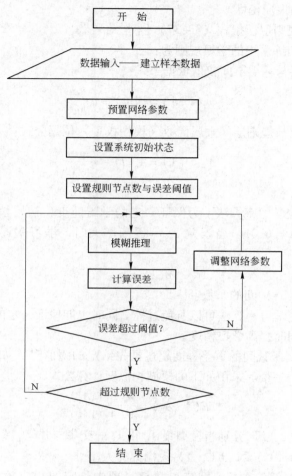

图 3-8 FNN 网络自学习流程图

表 3-1 轧制规程及相关数据表

项　　目	第一机架	第二机架	第三机架	第四机架
入口板厚 H/mm	4.25	3.29	2.47	1.58
出口板厚 h/mm	3.29	2.47	1.58	1.50
前张力 τ_f/MPa	102	128	161	75
后张力 τ_b/MPa	50	102	128	161
轧辊周速 v_R/m·s^{-1}	8.97	11.76	14.98	19.87
轧制力 p/kN	7738	9802	9399	5357

续表 3 - 1

项 目	第一机架	第二机架	第三机架	第四机架
前滑 f/%	1.63	3.26	3.74	0.66
辊缝 S/mm	3.77	2.51	2.06	2.49
入口速度 v/m·s^{-1}	7.06	9.12	12.15	18.95
出口速度 v/m·s^{-1}	9.12	12.15	18.95	20

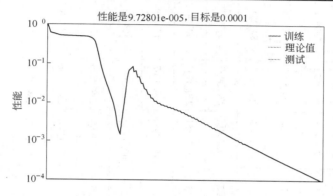

图 3 - 9　FNN 网络训练迭代收敛情况

3.14　小结

本章对如何成功实现动态智能质量控制器（DIQC）的有关问题进行了讨论。从这些讨论中可以看出，控制问题本身的特点决定了智能质量控制器的实现方式。本章讨论的主要问题有：

（1）全局逼近的特性及参数局部性和线性要求；

（2）网络的泛化能力与逼近方法的选择有赖于样本数据的分布；

（3）考虑偏差或方差两难情况的控制器动态结构；

（4）在线学习与控制器反馈结构的条件；

（5）全局闭环稳定要求的全局控制方案、激励持续条件和学习率的界定；

（6）有关模糊逻辑推理系统的问题，如去模糊化方法选择、T - norm 算子和隶属函数对控制器全局性能的影响。同时也讨论了 ε 完备性条件及模糊相似性度量。

此外，本章还对 DIQC 的全局控制方案、结构生成思路、参数调整算法等方法进行了讨论。

通过讨论，本章提出结论 3 - 1～结论 3 - 12 以及算法 3 - 1～算法 3 - 6，在它们的基础上构成基于模糊神经网络 FNN 的动态智能质量控制器 DIQC，并通过仿真说明网络的可行性。算法 3 - 1～算法 3 - 6 在第 5～7 章仿真系统中均得到应用。

表 3-2 部分样本数据

Entry-thick	Exit-thick	Width	Measentry-thick	Measexit-thick	Setupentry-thick	Setupexit-thick	Massflowerror	Workroll-rough	Rolleng-throlled	Rollmass-rolled	Calcforword-slip	Setupforword-slip	Measforward-slip
2.5	0.6	1016	2.44	1.58	2.5	1.58	-0.14	0.7	18.45156	254.5273	0.5512	-0.18318	0
2.5	0.6	1016	1.58	1	1.58	0.99	0	0.5	27.95043	254.5273	1.790941	1.653147	0
2.5	0.6	1016	1	0.64	0.99	0.65	0	0.5	42.71436	254.5273	1.217985	0.977921	0
2.5	0.6	1016	0.64	0.6	0.65	0.6	0	3	46.33061	254.5273	0.843251	0.879252	0.811092
2.5	0.6	1016	2.42	1.58	2.5	1.58	0.05	0.7	19.73016	270.3967	0.568032	0.003755	0
2.5	0.6	1016	1.58	0.99	1.58	0.99	0	0.5	29.94851	270.3967	1.807547	1.630449	0
2.5	0.6	1016	0.99	0.65	0.99	0.65	0	0.5	45.79939	270.3967	1.120269	0.314081	0
2.5	0.6	1016	0.65	0.6	0.65	0.6	0	3	49.66058	270.3967	1.194453	0.874245	1.288808
2.5	0.6	1016	2.44	1.58	2.5	1.58	-0.33	0.7	21.2668	289.4396	0.659478	-0.25613	0
2.5	0.6	1016	1.58	1	1.58	0.99	0	0.5	32.35067	289.4396	1.633036	1.61202	0
2.5	0.6	1016	1	0.65	0.99	0.65	0	0.5	49.45562	289.4396	1.20461	1.456678	0
2.5	0.6	1016	0.65	0.6	0.65	0.6	0	3	53.65992	289.4396	0.953937	0.976682	0.776591
2.5	0.6	1016	2.43	1.58	2.5	1.58	-0.02	0.7	22.54515	305.3494	0.626528	0.092494	0

续表3-2

Entry-thick	Exit-thick	Width	Measentry-thick	Measexit-thick	Setupentry-thick	Setupexit-thick	Massflowerror	Workroll-rough	Rolleng-throlled	Rollmass-rolled	Calcforward-slip	Setupforword-slip	Measforward-slip
2.5	0.6	1016	1.58	1	1.58	0.99	0	0.5	34.34321	305.3494	1.733446	1.596808	0
2.5	0.6	1016	1	0.65	0.99	0.65	0	0.5	52.52353	305.3494	1.069129	0.649965	0
2.5	0.6	1016	0.65	0.6	0.65	0.6	0	3	56.99879	305.3494	0.958931	0.700688	0.960729
2.5	0.6	1016	2.57	1.58	2.5	1.58	0.97	0.7	23.94395	322.8321	0.243628	0.47956	0
2.5	0.6	1016	1.58	0.98	1.58	1	0	0.5	36.53326	322.8321	2.008629	1.584995	0
2.5	0.6	1016	0.98	0.66	1	0.66	0	0.5	55.91283	322.8321	1.077771	0.320458	0
2.5	0.6	1016	0.66	0.6	0.66	0.6	-0.01	3	60.67173	322.8321	1.214802	1.0144	0.695566
2.5	0.6	1016	2.57	1.58	2.5	1.58	0.57	0.7	25.51183	342.1171	0.287509	-0.6536	0
2.5	0.6	1016	1.58	1	1.58	1	0	0.5	38.98158	342.1171	1.854742	1.570523	0
2.5	0.6	1016	1	0.65	1	0.66	0	0.5	59.59552	342.1171	1.225424	1.258266	0
2.5	0.6	1016	0.65	0.6	0.66	0.6	-0.01	3	64.72432	342.1171	0.979805	1.148546	0.77909
2.5	0.6	1016	2.56	1.58	2.5	1.58	0.75	0.7	26.77514	357.6633	0.197554	-0.65554	0
2.5	0.6	1016	1.58	0.99	1.58	1	0	0.5	40.92712	357.6633	2.116716	1.707375	0
2.5	0.6	1016	0.99	0.67	1	0.66	0	0.5	62.56268	357.6633	1.033354	0.853765	0
2.5	0.6	1016	0.67	0.6	0.66	0.6	-0.01	3	67.98843	357.6633	1.626265	1.013231	1.17754

本章提出的动态智能质量控制器创新方面在于：

（1）提出了使用模糊相似度量为合并重叠输入隶属函数的剪枝算法（3.4 小节）。

（2）提出了在最大输出误差点添加新隶属函数的构造性算法（3.7 小节）。

（3）采用能覆盖全部输入变量空间的隶属函数，以满足 ε 完备性要求（3.7 小节）。

（4）通过向控制器和参考模型输入同样的含噪声信号，使激励保持固有的电平，从而实现全局控制（3.11 小节）。采用滤波器形式的参考模型，以使参考模型的输出为含有可接受噪声的期望信号。

（5）优化设计方案采用系数最优的方法，将全局过程转移函数变换到期望的映射（3.11 小节）。采用含系统过滤器形式的参考模型相当于用系数最优标准来保证期望的过程动态特性变化。此外，这种设计可以保证任何时候均能得到导师信号，即使过程行为发生变化也不例外。

4 冷连轧过程数据处理、采集与跟踪

4.1 引言

轧机设定计算是冷连轧计算机控制系统过程自动化级的基本任务，而智能控制则是产品质量的保证。无论是轧机初始设定还是过程控制甚至智能控制器的学习训练，均离不开过程数据的处理、采集与跟踪。本章对冷连轧智能控制中的数据处理、采集及其跟踪方法进行讨论。

目前的酸轧联机基础自动化控制系统在过程控制级（二级）计算机控制系统离线时应能够继续完成其控制功能，因此在轧机设定方式中具有"后备方式"即不依赖二级完成原始数据的处理。

一级基础自动化"钢卷原始数据处理"是指在一级基础自动化系统中完成钢卷数据处理。一级基础自动化各个功能需要的钢卷原始数据都将经过"钢卷原始数据处理"功能。

在自动和半自动工作模式下，钢卷原始数据的处理是在二级计算机系统中完成的，一级基础自动化的"钢卷原始数据处理"分别处理酸洗线及连轧机的相关任务。

在"后备工作模式"下二级计算机系统处于离线工作状态，从酸洗线、连轧机请求的钢卷原始数据将经过一级基础自动化的"钢卷原始数据处理"功能对钢卷原始数据进行处理。请求的数据将转寄到二级计算机系统，但是，数据将不被接收和使用。

下列两种情况下钢卷原始数据请求将由基础自动化中的"钢卷原始数据"来处理，而不经过二级计算机系统：

（1）后备工作方式；

（2）带有后备工作方式标志的钢卷，即便是在自动工作方式或半自动工作方式下。

基于上述设计目的，一级基础自动化"钢卷原始数据处理"功能中建立一个钢卷原始数据表格，在后备方式下钢卷的原始数据来自于这一表格。在自动和半自动方式下这一表格的数据将由来自二级计算机的数据自动刷新，在二级计算机系统停止工作时，一级基础自动化"钢卷原始数据处理"功能将投入工作，从而保持钢卷数据的连续性。对于现存的钢卷原始数据可以通过操作工进行编辑和插入新的钢卷数据。提供在"后备工作方式"下轧钢的生产计划，这一功能的处理在钢卷跟踪功能中进行。在钢卷原始数据表格中的钢卷数据将自动移出，这一功能的实现是由带钢跟踪功能实现的。

4.2 钢卷原始数据处理

"钢卷原始数据处理"功能近似于二级计算机系统功能，但这种工作方式仅仅应用于紧急事故状态，与自动工作方式相比有许多功能不具备。

4.2.1 一级基础自动化需要请求钢卷原始数据的区域

在一级基础自动化系统中酸洗线、中间连接活套、轧机段三个区域需要钢卷原始数据。

上述三个区域向一级基础自动化"钢卷原始数据处理"功能请求下一卷钢卷原始数据，"钢卷原始数据处理"功能从钢卷跟踪功能接收钢卷原始数据并按三个区域的请求来传递下一个钢卷原始数据到相应的区域，后备工作方式的标志信号应包括在请求的数据内。

自动和半自动方式下钢卷的原始数据来自二级计算机系统，后备方式下钢卷原始数据来自基础自动化的钢卷原始数据表格。

通常在基础自动化系统中上述三个区域中下一个钢卷原始数据是以时钟方式从下一个钢卷寄存器到实际钢卷寄存器，这一方法使得钢卷原始数据的传动更加可靠和节约时间。

对于实际和下一个钢卷原始数据都需要一个数据恢复的功能，恢复的请求分为实际钢卷数据恢复请求和下一个钢卷数据恢复请求。这一功能主要是用于一级钢卷原始数据跟踪数据丢失的情况，恢复钢卷跟踪的数据来自二级计算机系统。

4.2.2 钢卷原始数据

所有的钢卷原始数据处理是由二级计算机系统完成的，然后将数据送到一级基础自动化系统中，基础自动化的钢卷原始数据存储到就地的钢卷原始数据表中。

4.2.3 一级基础自动化的钢卷原始数据人机接口

在操作台的工作画面中应有一个"钢卷原始数据画面"，用于钢卷原始数据处理的人机接口，通过该画面可以对钢卷原始数据进行编辑、插入和删除。

钢卷原始数据的编辑是针对钢卷原始数据表而不是针对"在线钢卷原始数据"和"下一个钢卷原始数据"寄存器的。在后备方式下，基础自动化有一个钢卷原始数据处理，包括钢卷数据（钢卷原始数据编辑器）和后备方式下的生产计划。这一目的主要是使一级基础自动化中的钢卷原始数据显示与二级计算机系统的钢卷数据显示基本相同。

4.2.4 钢卷缺陷数据

在酸洗线将建立钢卷缺陷数据，当新的带钢进入连接活套时钢卷缺陷数据将实时附加到钢卷原始数据中，这一信息将由酸洗线提供，带钢的缺陷在酸洗线称为"BAD SECTIONS"。

带钢缺陷有十多种，轧机基础自动化控制系统仅对需要轧机减速的带钢缺陷码加以控制，当此类带钢缺陷通过轧机时，轧机的轧制速度可以自动调整到带钢缺陷速度。

进入连轧机的每一个钢卷只能有五个减速缺陷段，酸洗生成的带钢减速缺陷码将送到轧机基础自动化的带钢跟踪功能。

4.3 数据采集（DAC）

4.3.1 概述

数据采集功能的主要职能是实现过程控制与二级计算机接口，任务是对过程控制变量进行实时采样，并按固定周期送往二级计算机系统。

轧机设定功能有它自己的数据采集功能，为自适应功能及建立过程报表提供数据，轧机设定功能中将采集的过程变量从一级计算机系统传递到这一系统中，过程变量清单在轧机设定功能中详细列出。

数据采集功能包含下列几个部分：
（1）辊缝标定数据；
（2）出口钢卷数据；
（3）事故数据。

第一部分的数据是来自基础自动化的辊缝标定，其他部分来自于实时数据库系统，变量的实时性要求很高。

4.3.2 钢卷数据采集

（1）出口钢卷号。出口钢卷号连同每一个钢卷的 ID 数据均来自于带钢跟踪。

（2）启动或停止事件和轧制时间。比较轧制过程中变化的情况，轧机准备时间，在通常情况下保持穿带时间和甩尾时间，前一卷进行甩尾的同时下一卷进行穿带，两卷之间的间隔时间非常短。

送往二级的统计数据包括轧制时间（RO）、穿带时间（TH）、甩尾时间

（TO）和停机时间（DT）。在轧制过程中将记录穿带时间、轧制过程时间、甩尾时间、整个钢卷轧制时间，当钢卷轧制完成后将进入钢卷工程报表，出口钢卷时间将由基础自动化完成收集并送往二级计算机系统。

（3）带钢分级。根据带钢厚度偏差值可将带钢分为四级：H 高精度（%）、N 通常精度（%）、E 错误公差（%）、C 用户公差（%）。公差 H、N 和 E 的值在二级计算机系统中直接设定，等级 C 是钢卷原始数据的一部分，C 级的正负公差可以是不同的值。

（4）带钢重点缺陷的位置。当带钢厚度公差超出等级 E 时，基础自动化系统将统计超出的绝对带钢长度，同时记录超差的起始、终止位置。公差分为十级，当公差等级记录超过十级时，最后出现的将覆盖第十级，每一个等级的最大公差值将与对应的带钢长度一起被存储。

为了避免测厚仪的干扰信号，在公差数据采集过程中加入了一个滤波器以克服信号的噪声干扰。公差的数据在轧制过程中由基础自动化功能完成收集任务，在轧制完成后将数据送到二级计算机系统。

（5）采样周期和传送。带钢厚度偏差值和带钢长度值每隔 50ms 进行一次采样，分级的开始和结束是通过带钢跟踪功能检测带钢头或尾到达 4 号机架后的信号进行控制的，轧制后的带钢的长度计算是通过板形辊的脉冲计算器来完成的。

在卷曲已经开始之前，如果穿带被终止，分级将再次被启动。当带钢完成轧制时，分级的数据将送往二级计算机系统。

（6）带钢缺陷传送到出口钢卷。这一部分的功能记录出口带钢的缺陷位置连同对应的带钢长度一起在轧制完成后送往二级计算机系统。通过板形辊的脉冲计数器来获得带钢缺陷的起始位置和缺陷长度，缺陷的停止位置是根据带钢的延伸率及缺陷长度计算得到的，带钢的缺陷数量最大只能有 5 个（或焊缝），在一个缺陷中可以镶嵌另一个缺陷。每一段带钢的缺陷数据将被采集（采样周期 50ms），当钢卷轧制完成后带钢的缺陷数据将送到二级计算机系统中。

4.3.3　故障状态下的过程数据采集

（1）扫描周期和传输。在轧制过程中发生断带、快停时对一些重要的逻辑变量及模拟量进行数据采集，数据的采集也可以是手动完成的，通过主操台的按钮进行启动，完成相关数据采集。

以 200ms 的采样周期对相关数据进行采样并将采样值存储在 DAC 控制器的数据库中，为了降低 CPU 的负荷，对变量的扫描是通过软件元素实现有序的采样，每次执行一组数据采样，在轧制的过程中 DAC 控制器的数据库是实时刷新的，当出现异常如断带、快停、急停时，采样顺控程序处于有效状态，DAC 控制器的数据库的内容为事件前 6s 和事件后 3s 的采集变量值，存储的数据将送到二级计算机系统用于系统分析。

故障状态下数据采集的执行，要求速度大于轧制最小速度。

（2）故障状态的识别。在起始事件中读取时间、事件钢卷的序列号、出口钢卷序列号、出口钢卷直径、出口钢卷带钢长度、出口钢卷计算重量、起始事件类型、断带或快停、钢卷 ID 号等，以此判别故障状态。

（3）控制状态。在注册的控制状态段下采集 AGC 前馈及反馈控制、监控 AGC、各机架工作辊、支撑辊等逻辑信号将被采集，以对轧制状态进行监控与调整。

（4）模拟变量。轧制过程中需要采集的模拟过程变量主要包括第一机架前后测厚仪信号、第一机架入口张力、各机架间的张力信号、轧制力信号、辊缝位置信号、张力辊的速度与电机功率、角速度、各种修正值等。

4.4 带钢跟踪（STR）

4.4.1 概述

带钢跟踪具有两个功能，一个功能是对进入中间活套的带钢数据及带钢缺陷进行带钢数据跟踪（中间活套段）及进入轧机到卷曲机的带钢数据进行跟踪，它的跟踪区域是中间活套段和轧机段；另一个功能是保持通过轧机带头的跟踪功能。

当一级基础自动化产生跟踪状态变化事件时，二级计算机系统读取一级基础自动化的带钢跟踪数据，在二级计算机系统中跟踪的数据信息是一级基础自动化跟踪数据的镜像。

带钢在进入中间活套前，（钢卷）带钢的跟踪是由酸洗线自动控制系统来完成并且将跟踪信息传递到轧机基础自动化钢卷跟踪功能 1 中，由轧机钢卷跟踪功能 1 完成跟踪信息送到二级计算机系统，以轧机出口钢卷车为界，以后的钢卷跟踪为钢卷跟踪功能 2，钢卷的跟踪与带钢的跟踪是相互独立的功能。

在机组生产线停止的情况下任何时间都可进行自动/半自动方式切换到后备方式。在后备方式对于每一个钢卷自动/半自动的标志信号将进行复位，所有进入生产线的新钢卷的自动/半自动标志位也将进行复位。当从后备方式切换到自动/半自动方式后进入生产线的新钢卷的标志位将被置位，这将表示新的钢卷的跟踪是以自动方式进行的。无论如何已经以自动/半自动方式进入生产线的钢卷的工作方式位将被复位并以后备方式进行跟踪。

4.4.2 跟踪的信息

（1）原料数据和设定点。当新的带钢即将进入中间活套时，带钢跟踪功能将从二级计算机系统接收原料数据和设定点，钢卷 ID、带钢宽度、带钢厚度、曲服强度、进入的带钢长度、出口钢卷带钢长度、带钢缺陷等数据将与出口钢卷一起进行跟踪。

（2）出口钢卷。在连续的酸轧机组输入的钢卷并不是总是与出口钢卷相对应，因为输入的钢卷有可能被分成两个出口钢卷。一个出口钢卷的概念是在整个轧制过程中连轧机的设定没有发生变化同时不产生分切动作，物料的相关属性如入口出口带钢厚度、宽度和钢种在一个出口钢卷中是相同的。

（3）带钢缺陷。轧机基础自动化系统接收来自酸洗线控制系统的带钢缺陷跟踪数据，一个出口钢卷最大可以包含 5 个带钢缺陷数据，每个带钢缺陷之间的距离不得小于 2m，否则缺陷位置的准确度将受到影响。带钢缺陷的起始位置将被跟踪，在轧机出口的带钢缺陷长度将根据带钢总的变形量进行再计算。带钢缺陷代码主要应用于轧机减速功能，根据不同的带钢缺陷代码来决定带钢缺陷通过轧机时是否需要减速。

（4）带钢跟踪传感器。包括脉冲编码器、绝对编码器、焊缝检测器、轧制力压头及张力计压头等，安装于酸轧线不同位置，可实现不同的跟踪、检测目的。

（5）中间活套段。进入中间活套的带钢位置是对安装在 5 号张力辊（中间活套前）和 6 号张力辊（中间活套后）的脉冲编码器进行计数得到的。中间活套量的多少是通过中间活套控制系统计算得到的，通过两个焊缝检测器的信号来达到计数器同步。焊缝检测器一个安装在中间活套入口，另一个安装在轧机的入口。

（6）轧机段。轧机段主要进行的是张力的检测、带钢在机架的检测、动态变规格区间测定等。

（7）带钢长度测量。主要包括带钢头部的跟踪、轧机入口和中间活套区域带钢长度的测量、轧机区域脉冲计数器的同步、带钢轧制长度、飞剪的同步信号、焊缝跟踪的再计划、带钢断带检测、带钢跟踪与基础自动化其他功能的数据交换等。

4.5　钢卷跟踪（CTR）

钢卷跟踪功能分为两个部分，钢卷跟踪 1 和钢卷跟踪 2。酸洗线自动完成全线的跟踪任务，钢卷跟踪 1 是完成酸洗线入口钢卷跟踪与轧机基础自动化及二级计算机系统接口。钢卷跟踪 2 是完成轧机出口段的钢卷跟踪任务。

4.5.1　自动方式和后备方式的转换

当生产线停止运行时，任何时候都可以将钢卷跟踪方式由自动方式或半自动方式转换成后备方式。在后备方式下所有的新钢卷在进入生产线后将配有"后备方式"标记。当由后备方式转换为自动方式或半自动方式后，新输入的钢卷的后备方式的标志将不存在，钢卷的跟踪将按自动或半自动方式跟踪，但是，已经以后备方式进入生产线的钢卷仍然带有后备方式的标志，以后备方式完成钢卷跟踪。

4.5.2 酸洗线的钢卷跟踪

酸洗线的钢卷跟踪是由酸洗线自动完成的，酸洗线与二级计算机系统之间的所有钢卷跟踪数据交换由钢卷跟踪 1 功能来完成。在酸洗线每一个跟踪段酸洗线将自动提供钢卷 ID 和后备方式标志。后备方式时标志位为"1"这表明钢卷的原始数据是以后备方式输入的，否则钢卷原始数据将来自二级计算机系统。

（1）后备方式下酸洗线的钢卷数据。在后备方式下钢卷跟踪主要是处理基础自动化钢卷原始数据请求的钢卷 ID，这一功能的实现是在接收来自酸洗线的跟踪信息基础上完成的。轧机工作在自动、半自动或后备方式时，酸洗线在自动方式工作是无区别的。

轧机工作在后备方式时，钢卷跟踪 1 功能处理后备方式的生产计划，该计划是通过轧机基础自动化的人机接口功能由操作工人输入的一个钢卷 ID 计划表格，当连续酸洗线请求下一个钢卷原始数据后，钢卷跟踪功能将提供下一个钢卷 ID，钢卷原始数据处理功能将钢卷原始数据送往连续酸洗线。

在酸洗线处于自动方式下内部缓冲器空时，连续酸洗线发出钢卷原始数据请求要求，对于每一个钢卷这一请求的响应是一个包含钢卷原始数据的信息。

如果来自连续酸洗线的钢卷原始数据请求带有一个钢卷号，这种请求是一个特指的钢卷请求，如果请求钢卷的 ID 号为零，那么这一请求为生产计划中的下一个钢卷请求。

当生产计划中的一个钢卷出现在酸洗入口跟踪区域时，轧机基础自动化的生产计划表中的该钢卷将从计划中移出。

送往酸洗线的钢卷原始数据信息中有一位代表着钢卷原始数据的来源，即自动方式或后备方式，酸洗线的跟踪仅仅是一个镜像反映。

在后备方式下钢卷原始数据的请求也将送往二级计算机系统，如果钢卷原始数据被接收或无效，二级计算机系统的钢卷原始数据在后备方式下是无效的。

（2）酸洗线数据跟踪的恢复功能。在酸洗线跟踪功能中有一个跟踪覆盖功能，该功能的实现是通过二级计算机系统和酸洗线自动跟踪系统完成的，钢卷跟踪的信息是通过连轧机基础自动化传递。

（3）二级计算机系统钢卷跟踪数据覆盖功能。如果二级计算机系统离线连轧机基础自动化系统将接收一个来自二级计算机系统的同步信号，而后基础自动化系统将产生一个"跟踪改变"信号，二级计算机系统将从基础自动化读取跟踪信息。

4.5.3 后备方式下活套跟踪数据

在后备方式下钢卷跟踪 1 功能将提供实际和下一个钢卷 ID 号到活套段的钢卷原始数据处理功能。

4.5.4 出口钢卷跟踪（钢卷数据跟踪 2 功能）

当轧制后的钢卷离开卷曲机到出口钢卷小车时，钢卷数据将进入出口钢卷跟踪，出口钢卷跟踪的内容包括：出口钢卷 ID、钢卷序列号、出口带钢厚度、带钢宽度、质量代码、钢卷重量（计算重量、实际重量）、焊缝位置、后备方式标志等，跟踪区域包括出口钢卷小车、出口步进梁 1 ~ 9 个鞍座、出口钢卷检查站、出口钢卷称重台在出口步进梁第五号鞍座等。

对于二级计算机系统出口钢卷跟踪是一个分段跟踪。

步进梁的移动即出口钢卷的移动信号将由出口逻辑控制功能提供，由出口逻辑顺控提供的出口钢卷跟踪信号应该是一个"安全信号"，该信号的产生将标志钢卷的移动确实已经发生，避免错误的跟踪信号产生同时也应该考虑到现场传感器及现场其他设备带来错误的钢卷跟踪问题。

对整个钢卷跟踪区域将进行监控，当钢卷移动后钢卷跟踪数据却为空时或者钢卷移入站点的钢卷跟踪数据已经存在的情况下，工作站画面上会产生跟踪错误的报警信号给操作工。

当钢卷进入步进梁的第五号卷位，称重过程完成后将用钢卷实际重量取代钢卷计算重量。在不同的跟踪区域当状态发生变化后跟踪的信息将送到二级计算机系统，跟踪信息包含钢卷的 ID 号。

4.5.5 一级基础自动化与二级控制界面

冷轧实时监控、钢带跟踪、钢卷数据及二级厚度偏差跟踪分别如图 4 - 1 ~ 图 4 - 4 所示。

4.6 基于 IBA 的冷连轧过程数据收集与跟踪系统

本书主要讨论智能控制器的设计与应用，对于冷连轧过程中的数据收集与跟踪功能，由于攀钢已有比较完善的数据采集系统，故本节只对其作一简单介绍。

攀钢冷轧厂酸轧联合机组采用了德国 IBA 公司的 PDA（Progress Data Acquisition）数据采集系统，以及过程数据分析系统 iba - Analyzer。该系统采集的数据有：主传动直流系统、新的工艺控制系统 TDC、顺控系统 PCS7 以及交流

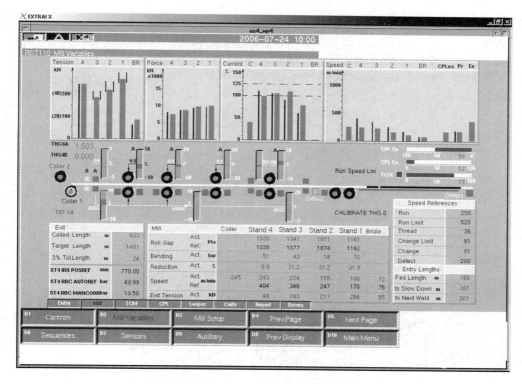

图 4 - 1 冷轧实时监控

VVVF 传动的参数，采集的数据有数字量，有模拟量，可同时进行大约 3000 个数据的采集、分析和存档，对采集的数据进行实时显示，并且可以复制长期保存。在设备的调试期间极大地方便了调试数据分析和故障诊断；在日常运行维护中，用于故障的诊断、生产参数的查询，对比传统的笔录仪、数字或模拟示波器等检测手段，ibaPDA 以及 ibaAnalyzer 具有无法比拟的优点。

4.6.1 PDA 系统硬件

PDA 是一个基于数据测量的计算机采集系统，它包括：
（1）硬件部件，用于采样、处理和传输信号；
（2）PC 机的接口板；
（3）软件，用于采集数据、在线显示、在线存档；
（4）观察和分析程序，用于采集数据的进一步处理。

轧机区域的 PDA 系统概况图，如图 4 - 5[182] 所示，其中 PDA 01 和 PDA 02 进行数据的在线采集检测，PDA 00 对采集的数据进行存档、离线分析。

PDA 01 和 PDA 02 主机硬件。它们分别采用 iba Rackline Industry PC2400 - 1

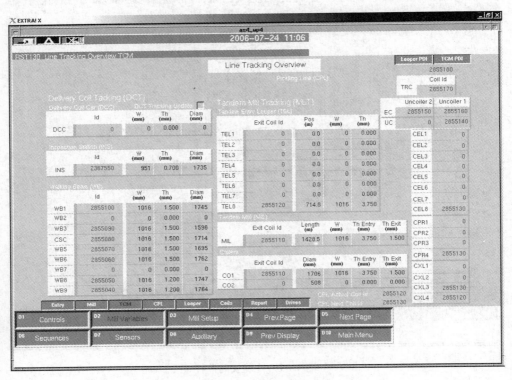

图 4 - 2　钢带跟踪情况图

工控机，包括：

（1）Pentium4 处理器，2.4 GHz；

（2）128MB Grafik；

（3）512MB DDR - RAM；

（4）72GB SCSI - SCA 硬盘；

（5）主板（5 × PCI，1 个用于 SCSI 的 PCI，1 × AGP）；

（6）集成的 10/100Mbit LAN。

PDA 00 是离线服务器，采用 iba Rackline Industry PC 2400 - 1 工控机，外挂一个多硬盘机架，配置与 PDA 01 相同，但是采用 5 × 72GB SCSI - SCA 硬盘，对采集数据进行压缩存盘和分析。

4.6.2　PDA 硬件配置及分析

4.6.2.1　PDA 01 与全局数据管理 TDC 的连接

PDA 01 的主机板上插有一块 FOB - TDC 板，该板通过光纤与 TDC 全局数据

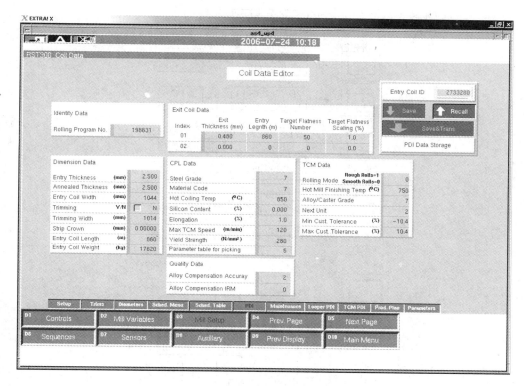

图 4 - 3 钢卷数据界面

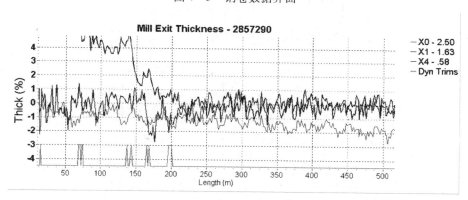

图 4 - 4 二级厚度偏差跟踪

管理器（GDM）进行链接，采集所有 TDC 控制装置的数据，如图 4 - 6 所示。GDM TDC 的 CP52IO 访问 GDM 的存储器板 CP52MO，FOB - TDC 与 GDM TDC 的 CP52IO 的一个空余接口相连，其他 8 台 TDC 控制装置的 CP52AO 板分别与 GDM TDC 的 CP52IO 的各通讯口进行光纤连接。

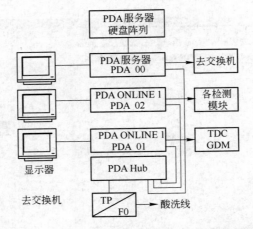

图 4 - 5 酸轧联机 - 轧机区 PDA 系统概况图

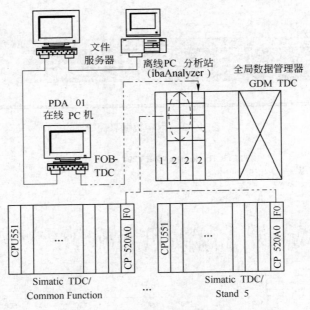

图 4 - 6 PDA 01 与全局数据管理 TDC 的连接

4.6.2.2 iba FOB - TDC 板的特点

PDA 01 与全局数据管理 TDC 的连接通过 iba FOB - TDC 接口板实现。它的特点为:

(1) 双向光纤连接, 速率 640Mbit/s;

(2) 过程数据采集绝对抗噪声干扰;

（3）与处理器板 FOB SD（Symadyn D）完全兼容；

（4）每个 PC 机可以安装 4 个 iba FOB – TDC 卡。

FOB – TDC 的 PC 机硬件要求：至少有一个空闲的 PCI 兼容的插槽；软件要求：操作系统 Windows NT Workstation 4.0TM；PDA4.33 版本或更高；ibaLogic V3.73 或更高。

4.6.2.3 PDA 01 中通道及信号设置

轧机 TDC 的所有采集信号有 31 个通道（即模板），每个通道可定义 32 个模拟量以及 32 个数字量。例如，12 号模板是 TDC "Stand 1"，定义的采集信号有 1 机架的伺服阀电流、压力实际值、校辊步骤等 31 个模拟量通道，以及 HGC 打开、闭合、快速打开、卸压等 32 个数字量。

4.6.3 PDA 02 硬件配置及分析

在 PDA 02 主机的主板上有 2 个 FOB – 4i 接口卡，各有 4 个光纤插头，用于 PDA 与其他控制系统进行数据交换，具体硬件配置如图 4 – 7 所示。

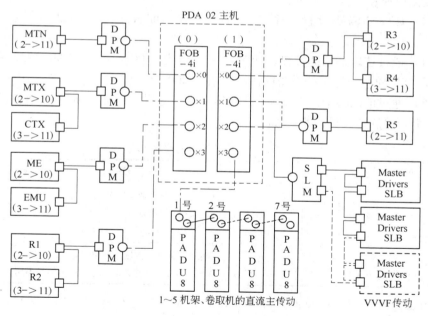

图 4 – 7　PDA 02 的硬件接口示意图

图 4 – 7 中，FOB 4i：带有 4 个光纤接口的通讯板；MTN：入口材料运输 PLC；CTX：出口钢卷运输 PLC；MTX：出口材料运输 PLC；ME：油库介质系统 PLC；EMU：乳化液系统 PLC，上述 5 个 PLC 均采用 S7 – 400/UR1；R1 ~ R5：5

个机架的换辊车 PLC 控制装置，采用 S7 – 400/ UR2；Padu8：并行模拟量/数字量单元；SLM：Simolink board，通讯插件；DPM：即 DPM 64，通讯模块；Master drive：西门子变频传动设备。

4.6.3.1　PDA 02 与机架的换辊车 PLC 的连接

轧机的换辊车 PLC 控制装置采用 S7 – 400/UR2，它与 PDA 02 的连接是通过 DPM64 进行的。

如图 4 – 7 所示，1/2 机架的 PLC 通过 DPM64 连接到第 1 个 FOB 的 X3 接头；3/4 机架 PLC 连接到第 2 个 FOB 的 X0 接头；5 机架的 PLC 连接到第 1 个 FOB 的 X1 接头。

iba DPM64 是一种 Profibus DP 监控装置，用于 Profibus DP 网上高速的数据采集，速度可达 12Mbaud。DPM64 类似于 Profibus DP 的从站，可以进行模拟量和数字量的输入输出，其特点为：

（1）可以监控 64 个模拟量和数字量，模拟量可以是整型或者浮点型；

（2）在 1ms 间，64 +64DP 总线数据在装置和 PLC（或其他连接的设备）间进行数据传递；

（3）DPM64 需要设置 1 个（地址是奇数）或者 2 个（地址是偶数）DP 地址；

（4）通过选取适当的接口，DPM64 可以连接到 PCs、PLC、VME 总线等；

（5）DPM64 与连接的设备间的距离可达 2000m；

（6）通过前面板上的 DP 地址拨码容易进行配置，地址必须是 16 进制的。

3 个开关的意义见表 4 – 1。

表 4 – 1　3 个开关的意义

DPM64 开关名称	描　　述
S1（模式开关）	0：2 ×32 整型数 +2 ×32 开关量； 1：2 ×32 浮点数 +2 ×32 开关量； 2：2 ×28S7 浮点数 +2 ×32 开关量
S2、S3 （DP 地址开关）	偶地址：该装置占用 2 个相邻地址； 奇地址：该装置只占用 1 个地址，第 2 个从地址不用

例如 S1/S2/S3——设置为 3/A/0 表示 DPM64 采用模式 3，地址是 A（16 进制），只使用了一个地址，后一个地址 B 没有激活。

4.6.3.2　PDA 02 与顺控系统 Simatic PCS7 的连接

轧机的顺控系统包括介质、乳化液、入出口自动化等，即图 4 – 7 中的 MTN、MTX、CTX、ME、EMU 等 5 个 PLC，它们由 5 个 S7 – 400/UR1 组成，通过 DPM64 模块与 PDA 02 进行耦合。每个 PLC 在 PDA 中定义 0 到 27 个模拟量和

32 个数字量，分别占用一个通道。

4.6.3.3 PDA 02 与轧机的直流主传动的连接

轧机的主传动采用直流大电机驱动，通过 Padu8 模块与 PDA 02 进行耦合，采集了每个机架的速度、电流、张力等 31 个模拟量以及接触器断开/闭合、急停等 30 个数字量。

Padu8 是 8 个模拟量和 8 个数字量输入采集模块，Padu 是 Parallel Analog Digital Units 的缩写，即并行模拟量/数字量单元，Padu 有 4 种不同类型：Padu8、Padu16、Padu32、Padu32R，用于数据的采集以及控制功能，采样频率是 1kHz。Padu 特别适于下列应用：过程数据采集、调试、故障诊断和错误检测、移动检测。所有 Padu 通过光纤电缆链接，每个链接最多可以连接 64 个模拟量加 64 位数字量（即 2 × Padu32，8 × Padu8）。在酸轧联机项目中采用单一的 Padu8 链，如图 4-7 所示。7 个 Padu8 以线性结构连接，每个装置有 8+8 检测通道，每个装置的站地址（在 1~8 之间）是唯一的，如果光纤链上 2 个装置的地址一样，则后一个装置将把另一个装置的内容覆盖。

4.6.3.4 PDA 02 与交流变频传动的连接

酸轧联机新增的传动装置如飞剪、8/9S 辊、夹送辊等采用西门子矢量变频装置驱动，SLB（simolink board）板用于将传动设备和 PDA 连接，并且组成 Simolink，每个 SLB 板都是 Simolink 上的一个节点，节点数限制到 201 个。Simolink 传动链接用于快速传递不同传动间的数据，所有节点在物理上构成一个闭环，如图 4-7 所示。每个节点间的数据通过光纤电缆传递。SLB 板需要 24V 的外部电源，这样即使在整流器/逆变器失电的情况下，也能保证 Simolink 的数据传输。交流变频在 PDA 的每个通道上设置 32 个模拟量进行数据采集。

4.6.4 PDA 的系统软件以及通道设置

4.6.4.1 PDA 的系统软件

酸轧联机数据采集系统安装的系统软件主要是 PDA 以及 iba-Analyzer。

PDA 软件是以 32 位模式编译的，在线显示或采集只能在 Windows NT 4.0TM 环境下运行，它包括：

（1）PDA. exe——PDA 核心程序；

（2）PDA. sys——各硬件的驱动软件；

（3）PDA. ini——初始化及配置文件；

（4）PDA. key——软件配置文件。

PDA 在线软件的 3 个主要功能：数据采集的多个可能接口的组织；进行无纸化图形记录，最多可以支持 48 个屏幕的曲线显示；将采集的数据进行磁盘存档。

为了进行离线的数据分析以及处理，还安装了 ibaAnalyzer V3.32 软件，该程序提供了统计和数学的分析工具用于数据分析，功能包括：图形化的信号选择接口、图形化分析选择以及内置分析宏能力。

4.6.4.2 PDA 系统的通道以及信号设置

IBA 公司的器件可以测量工业应用中的几乎所有信号，电压从微伏到交直流 400V，电流从几毫安到 60A，热电偶、RTD、SSI 等都可以作为输入信号接入。

可以连接信号的数量和模块的数量与采用的软件有关，见表 4-2。

表 4-2 连接信号的数量和模块的数量与采用的软件

软 件	模拟与数字信号数量	模块数量
PDA Lite/QDR64	64A + 64D	2
PDA/QDR512	512A + 512D	16
PDA - E/QDR	1024A + 1024D	32
ibaLogic	1024A + 1024D	32
ibaScope	32A + 32D（40μs）加 1024A + 1024D	4 + 32

各 PLC 在 PDA 中分别占用一个通道，换辊车 5 个 PLC 占用 1 个通道，每个通道可以定义 0 到 27 个模拟量和 32 个数字量；而 TDC 装置占用 31 个通道，每个通道可以定义 32 个模拟量和 32 个数字量。

4.6.5 PDA 过程数据采集及其分析系统的作用

PDA 过程数据采集及其分析系统的优点是：

（1）代替纸记录仪或者磁带记录仪器，可在调试期间内进行故障源分析以及各个设备的当前状态的记录分析。

（2）对时间要求非常严格的大量的设备测量数据的连续记录。记录的数据可以几天（酸轧联机是 15 天）循环刷新纪录，并且可以压缩长期保存，当发生故障或者断带时，能够非常可靠地分析出故障源。

（3）事件控制记录。用户可以配置记录任务的启动、停止的触发条件，以此建立有关的质量数据库等。

（4）与触发信号有关的突发事件的记录，触发条件产生后，以非常高的采样频率来记录选择的少量信号，主要用于非常详细的故障分析。

基于 ibaAnalyzer 的数据采集界面如图 4-8 所示。

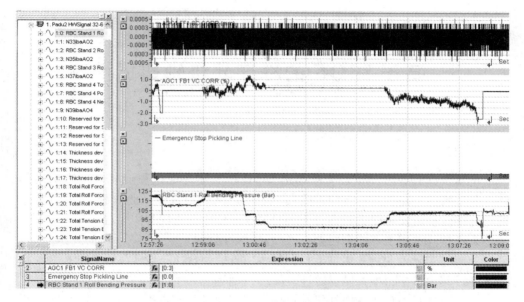

图 4 – 8 基于 ibaAnalyzer 的实时数据采集示意图

4.7 小结

本章对酸轧联机组的实时数据采集与跟踪进行了讨论，分析了各种方式下不同轧机段数据采集与跟踪的特点，并对基于 iba 的数据采集与分析系统进行了介绍。iba 可解决高速大批量数据的采集与存储问题，并可及时分析故障原因。本书所用训练及测量数据部分通过 ibaAnalyzer 进行收集与取舍，部分由参考模型生成。

5 基于 DIQC 的冷连轧机轴扭振控制

5.1 引言

本章及其后的第 6 和第 7 章介绍 DIQC 在实际冷轧过程控制问题中的适用性。所选的虽然是钢铁行业控制问题，但可以看成是很多工业控制问题的代表。虽然性能估算由实验研究得到，但实验时尽量使控制过程与实际过程接近。所有的仿真模型均选用工业控制协会标准的最复杂模型。

为了与实际工业过程更加近似，某些仿真模型会比一般实际设计的控制器更加复杂。其中包括扭振控制、冷连轧厚度控制等。

本章通过对串列式冷连轧机轴扭振控制的大量仿真数据来估计 DIQC 对过程干扰的稳健性，并将结果与状态 PI 控制器和 CC 神经网络控制器（CCNC）的性能相比较。

5.2 问题描述

串列式冷连轧机（见图 5-1）的功能是降低进带的厚度。产成品规格为带宽 900~1600mm，厚 0.25~2.0mm。冷轧产品一般用于汽车工业，或消费品制造，如家用电器等。要想提高轧件测量的精确程度，轧速控制系统必须保证以很高的精度达到预先设定的 20rad/s 的角速度。但在实际过程中，由直驱电机、轧机、中间轴和轧辊的扭力刚度所决定的扭振共振点，角速度常常达到 40~90rad/s。这种频率决定了轧机系统的特征：频率越高，系统柔性程度越大，作

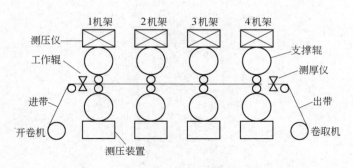

图 5-1 串列式冷连轧机

用在轴上的扭力也就越大。因此，控制器的速度也取决于共振频率。例如，柔性系统需要较低轧速，以避免轴间大面积的扭力导致的振荡。为了避免高共振带来不良影响，传统的 PI 控制系统会将角速度调整到 5 ~ 15rad/s。因此，在速度足够高的时候，轧机速度并不完全由控制系统来调整。此外，当钢带咬入轧机时，由于轧机降速很快，回复到原来的速度需要较长时间，这样就会导致无法获得期望的测量精度[183~185]。

5.3 串列式冷连轧机双质量系统

首先，建立系统的数学模型需要使用线性 PI 控制器。

在对电驱动速度进行控制时，只把注意力集中在电机上是不够的。事实上，驱动与机器之间的关系不可能是完全固定不变的。但是，由于为系统建立数学模型是第一步，一般假设它们之间保持固定的关系，这只是一种理想状态。如果结果不能令人满意，则应考虑弹性软连接或其他非线性可能，如松弛、库仑摩擦、离合器、轴承等。所以，采用双质量系统（电机 - 轧辊）模型。在很多场合可以假定轴间连接是固定的。在对轧机进行控制时，可以将系统模型分成两个或更多个部分。轴间及系统的挠性越大，非线性性质、摩擦及松弛对系统的影响也就越大，以致造成系统的黏滞或打滑[186]。特别是在多板块系统结构的情况下，用一般的线性控制理论既不可能但又需要用很大的努力去解决这些问题。此外，由于控制系统中存在摩擦，实际的角速度与角加速度之间的关系是非线性的。同时，随时间增长的电机间摩擦（如润滑剂凝固）与电机轴之间的滞后现象也会导致系统的非线性。

图 5 - 2 给出了轧机驱动模型及被控过程的基本物理结构及相关的变量。

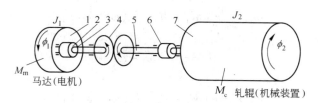

图 5 - 2 轧机驱动模型

1—工作机座；2—连接轴；3—齿轮座；4—减速机；5—中间轴；6—电动机联轴节；7—轧辊

可以看出，冷连轧机为一机电系统，轧辊通过齿轮组由电动机驱动。由于齿轮组的刚性与轴承之间存在扭力，因而电机与轧辊间的连接为弹性连接。相对于电机和轧辊惯性力矩以及作用其上的摩擦力矩而言，可以认为齿轮组的力矩很小[187]。根据图 5 - 2，系统可由下述公式来表示[188]：

$$M_m = M_{12} - b_{12}(\dot{\phi}_1 - \dot{\phi}_2) - M_{f1} = J_1\ddot{\phi}_1 \tag{5-1}$$

$$M_{12} = c_{12}(\phi_1 - \phi_2) \tag{5-2}$$

$$M_{12} - b_{12}(\dot{\phi}_2 - \dot{\phi}_1) - M_c - M_{f2} = J_2\ddot{\phi}_2 \tag{5-3}$$

式中，M_m 为电机的力矩；M_c 为轧辊的力矩；ϕ_1 和 ϕ_2 为各部分的旋转角；$\dot{\phi}_1$；$\dot{\phi}_2$，$\ddot{\phi}_1$ 和 $\ddot{\phi}_2$ 分别为旋转角的一次和二次微分；b_{12} 为摩擦系数；c_{12} 为刚性系数；M_{f1} 和 M_{f2} 分别为电机和轧辊的摩擦力矩；M_{12} 为两部分间的力矩；J_1 和 J_2 分别为电机和轧辊的惯性力矩。

其次，采用系统力矩的归一化方程，以获得对系统的统一逼近。

作为前提，定义电机角旋转为：

$$\phi_b = \int_0^1 \omega_b \mathrm{d}t \tag{5-4}$$

在系统方程组中添加电枢电流方程：$F = $ 常量，使电机成为具有分散激励的直流电机，并采用电枢电压控制法。假设电机与轧辊间的摩擦力很小，可以忽略不计，即：

$$M_{f1} = M_{f2} = 0 \tag{5-5}$$

为了使问题便于处理，采用如下的归一化方程：

$$\overline{\phi}_1 = \frac{1}{s}\overline{\omega}_1 \tag{5-6}$$

$$\overline{\phi}_2 = \frac{1}{s}\overline{\omega}_2 \tag{5-7}$$

$$\overline{i}_\alpha = \overline{M}_m = \frac{1}{T_\alpha s}\left(\frac{\overline{e}_c - \omega_1}{\rho_\alpha} - i_\alpha\right) \tag{5-8}$$

$$\overline{\omega}_1 = \frac{1}{T_{m_1}s}\left[\overline{M}_m - \overline{M}_y - k_c(\overline{\omega}_1 - \overline{\omega}_2)\right] \tag{5-9}$$

$$\overline{M}_y = \frac{1}{T_c s}(\overline{\omega}_1 - \overline{\omega}_2) \tag{5-10}$$

$$\overline{\omega}_2 = \frac{1}{T_{m_2}s}\left[\overline{M}_y - \overline{M}_c - k_c(\overline{\omega}_1 - \overline{\omega}_2)\right] \tag{5-11}$$

式中，$T_{m_1} = J_1\omega_b/M_b$ 为电机的机械时间常数；$T_{m_2} = J_2\omega_b/M_b$ 为轧辊的机械时间常数；$k_c = b\omega_b/M_b$ 为轴摩擦系数，书中假定为 0。$T_c = M_b/c\omega_b$ 为轴抗扭刚度的机械时间常数；T_α 为电枢电压的机械时间常数；e_c 为电枢电压；$s = \partial x/\partial t$；$\rho_\alpha$ 为电枢阻抗。

采用变量的绝对变化值来代替变量值，假定负荷由速度决定，线性化系统，并由图 5-3 得到转移函数及上述等式。

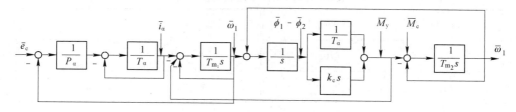

图 5-3 模型系统结构

过程的状态变量（控制器输入变量）为：

$x_1 = \Delta \bar{i}_\alpha$ 为电枢电流；

$x_2 = \Delta \bar{\omega}_1$ 为轧辊角速度；

$x_3 = \Delta \bar{M}_y$ 为轧辊与电机间的扭矩；

$x_4 = \Delta \bar{\omega}_2$ 为电机的角速度；

电枢电压 $u_1 = \Delta \bar{e}_c$ 为过程中输入的控制变量；

轧辊扭矩 $u_2 = \Delta \bar{M}_c$ 为过程中输入的干扰变量。

过程的输出变量为：

$y_1 = \Delta \bar{i}_\alpha$ 为电枢电流；

$y_2 = \Delta \bar{\omega}_1$ 为轧辊角速度。

系统的状态方程为：

$$\dot{X} = AX + BU$$
$$\dot{Y} = CX$$

$$A = \begin{pmatrix} \dfrac{-1}{T_\alpha} & \dfrac{-1}{\rho_\alpha T_\alpha} & 0 & 0 \\[2mm] \dfrac{1}{T_{m_1}} & 0 & \dfrac{-1}{T_{m_1}} & 0 \\[2mm] 0 & \dfrac{1}{T_c} & 0 & \dfrac{-1}{T_c} \\[2mm] 0 & 0 & \dfrac{1}{T_{m_2}} & 0 \end{pmatrix}, \quad B = \begin{pmatrix} \dfrac{1}{\rho_\alpha T_\alpha} & 0 \\[2mm] 0 & 0 \\[2mm] 0 & 0 \\[2mm] 0 & \dfrac{-1}{T_{m_2}} \end{pmatrix}, \quad C = \begin{pmatrix} 1 & 0 & 0 & 0 \\ 0 & 1 & 0 & 0 \\ 0 & 0 & 0 & 0 \\ 0 & 0 & 0 & 1 \end{pmatrix}$$

$$X = \begin{pmatrix} \Delta \bar{i}_\alpha \\ \Delta \bar{\omega}_1 \\ \Delta \bar{M}_y \\ \Delta \bar{\omega}_2 \end{pmatrix}, \quad U = \begin{pmatrix} \Delta \bar{e}_c \\ \Delta \bar{M}_c \end{pmatrix}, \quad Y = \begin{pmatrix} \Delta \bar{i}_\alpha \\ \Delta \bar{\omega}_1 \end{pmatrix}$$

串列式冷连轧机的参数如表 5-1 所示[189]。

表 5 - 1　串列式冷连轧机参数表

参　数	时间/s	参　数	时间/s
T_y	0.0074	T_c	0.00107
T_{m_1}	0.102	ρ_α	0.104
T_α	0.055	T	0.005
T_{m_2}	0.102		

表中，T_y，T_{m_1}，T_α，T_{m_2}，T_c 分别为电机与轧辊间弹性振动（如电机）、电枢电压、轧辊、轴抗扭刚度的机械时间常数；ρ_α 为电枢电阻；T 为采样频率。采用具有分散激励的直流电机，额定功率 4300kW，额定电压 750V，额定电流 6100A。

系统转移函数为：

$$G(s) = \frac{1}{F(s)\rho_\alpha T_\alpha T_{m_1} T_c T_{m_2}} \times \begin{pmatrix} T_m(T_y^2 s^2 + 1) & 1 \\ \gamma T_y^2 s^2 + 1 & -\rho_\alpha(T_\alpha s + 1) \\ T_{m_2} s & \rho_\alpha T_{m_1} s(T_\alpha s + 1) + 1 \\ 1 & -\rho_\alpha(T_\alpha s + 1) + T_c s \end{pmatrix}$$

$$(5 - 12)$$

式中，$T_m = T_{m_1} + T_{m_2}$ 为系统全局机械时间常数；$\gamma = T_m / T_{m_1} = (J_1 + J_2)/J_1$ 为机器时间常数比，本例中 $\gamma = 2$；$T_y = \sqrt{(T_c T_{m_1} T_{m_2})/T_m}$ 为电机与轧辊间弹性振动的机械时间常数。

系统的特征方程为：

$$F(s) = \frac{\rho_\alpha T_m s(T_\alpha s + 1)(T_y^2 s^2 + 1) + (\gamma T_y^2 s^2 + 1)}{\rho_\alpha T_\alpha T_{m_1} T_c T_{m_2}} \tag{5 - 13}$$

该双质量系统为振荡系统，谐振频率为：

$$\omega_n = \sqrt{\frac{c_{12}(J_1 - J_2)}{J_1 J_2}} \tag{5 - 14}$$

此处，c_{12} 为轴抗扭刚度的系数：

$$c_{12} = \frac{G I_p}{l} \tag{5 - 15}$$

式中，G 为刚性模数；I_p 为截面极惯性矩；l 为轴长。

5.4　仿真结果与讨论

将干扰负载扭矩 M_c 用作非控轧制驱动系统的阶跃函数，由图 5 - 4 可见，开环系统是边缘稳定的，它的动态误差为 18.5%，稳定状态误差为 6.12%。此外，由于松弛的原因，即使干扰负载扭矩的阶跃函数保持不变，电机的角速度仍持续无衰减振荡（见图 5-5）。

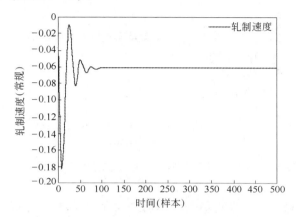

图 5-4 非控系统负载扭矩阶跃变化的轧制速度响应

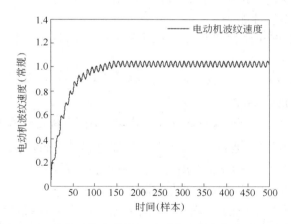

图 5-5 非控系统负载扭矩阶跃变化的电机角速度响应

状态 PI 控制器（一个用于速度控制，另一个用于电流控制）由一个描述双质量系统的四阶线性化状态空间模型确定。采用 Modulus Optimum 最优设计[119]。当被控过程含多个状态变量时，状态控制器比简单 PI 控制器更合适。仿真结果如图 5-6 所示。它表明了在这种系统中，存在着质量块的典型阻尼振荡现象。这种质量块的振荡表明：由于高阶模外动态原因，在摄动之后，PI 控制器已无法对系统的参数作进一步优化。可以发现，在一个松弛系统中，松弛产生极限环。振幅由松弛量决定。频率由系统自然频率 ω_n 决定。经由典型的过冲，一般

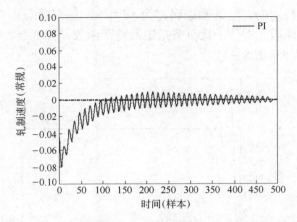

图 5 - 6   PI 控制系统负载扭矩阶跃变化的轧制速度响应

均可通过松弛区域。由于期望值与实际值之间存在误差，通过积分之后会产生巨大的调整矩，由此造成更剧烈的振荡现象。

因此，对于这样的系统而言，线性 PI 控制器不再合适。只有考虑到非线性松弛，才能提高系统性能。

当采用 DIQC 解决同样问题时，采用 Butterworth 特征方程作为 4 阶系统的参考模型：

$$F(s) = s^4 + 2.6\omega_n s^3 + 3.4\omega_n^2 s^2 + 2.6\omega_n^3 s + \omega_n^4 \qquad (5-16)$$

式中，ω_n 为系统的自然频率。

参考模型系数由 Modulus Optimum 最优化方法[119]决定。在 PI 速度与电流状态控制器中也采用同样的特征方程。由该特征方程可得阻尼比为 $\xi = \sqrt{2}/2$，时间可根据近似关联方程 $t_s = 4/\xi\omega_n$ 确定。由于三种控制器的带宽只与自然频率及阻尼比有关，因此设计时应令三者带宽相同。

用这种参考模型生成的数据作为输入 – 输出数据来在线训练模糊神经网络。共产生 1000 组输入 – 输出数据，并对它们进行归一化处理，使其处于 [−1，1] 之间。采样时间为 $T_s = 0.005\text{s}$。所有样本作为训练样本，另取 500 组来自攀钢的实测数据用作测试样本，用于确认神经网络的泛化能力。将同样的样本用于采用快速传播算法的 CCNC。

快速传播算法的参数为：学习率 $\eta = 0.005$，最大成长系数 $\mu = 1.75$，权重衰减期 $\nu = 0.0001$，教师值与输出值间的最大允许误差为 $d_{max} = 0.1$，图 5 - 7 为仿真结果。以均方根误差 RMSE 作为误差函数时，CCNC 与 DIQC 的结果相同。从图中可见，在加载扭矩负载扰动的情况下，DIQC 在抑制串列式冷连轧机轴间扭振方面比 CCNC 更有效。仿真结果如表 5 - 2 所示。

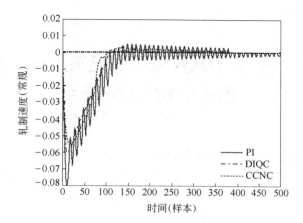

图 5 - 7 不同控制系统负载扭矩阶跃变化时的轧制速度响应

表 5 - 2 扭振抑制情况对比表

RMSE			
非控系统	PI	DIQC	CCNC
0. 062041	0. 003285	0. 001256	0. 001298

　　需要说明的是：DIQC 的稳态性能比 CCNC 优越，但在某些瞬态性能上，有可能 CCNC 更好。此外，DIQC 可以获得更光滑的输出，而 Cascade Correlation 神经网络（CCNN）却要借助于乘积算子才可获得（如第 3 章讨论的那样）。从这个角度来说，全局 RMSE 有可能会造成一些谬误，这是因为减少干扰的目的是为了获得更光滑的输出。因此，有必要换用一种更好的误差计算方法。关于这一点，Tsakalis 在他的文章中作了详细的论述。从前述章节的讨论中可见：DIQC 和 CCNC 同 PI 控制器相比，均具有更显著的优越性。它也说明：在非线性工业过程中，非线性控制方法比线性控制方法要显著有效。此外，DIQC 的全局性能要比 CCNC 更优，也就是说：对于这些控制过程而言，基于 DIQC 的直接模型参考自适应控制（MRAC）是更可取的控制方法。

5.5 小结

　　本章通过对冷连轧工业过程中的扭振控制问题的仿真，证明了 DIQC 在解决该类工业过程控制问题方面的适用性。从实验可以看出，对于非线性工业过程，非线性控制方法比线性方法更加有效，同时，在全局性能方面，DIQC 比 CCNC 更优。

6 基于 DIQC 的冷连轧偏心与硬度干扰控制研究

本章通过冷连轧机离心率与硬度控制的仿真实验，对 DIQC 的抗干扰能力进行讨论。

6.1 问题描述

冷轧过程的目的是生产具有期望厚度的优质带钢。带钢的规格一般宽为 900 ~ 1600mm，厚度范围在 0.25 ~ 2mm。轧机以钢带出口速度达 25m/s 的高速运转。轧机可以为单机架的，也可以是多机架的机组，每个机架均包含两个支撑辊，两个工作辊（如图 6 − 1 所示），支撑辊的直径为工作辊的 3 倍。通过测压元件（load cell）来测量轧制力的大小。轧机由电动液压伺服器进行驱动。目前在一些现代化轧机中，也有采用单纯电动压下机制的，这种驱动方式较电动液压机制而言定位更加精确。

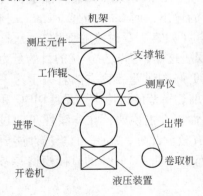

图 6 − 1 单机架可逆式冷轧机

在串列式多机架轧机中，当钢带通过各个机架后，厚度逐渐变薄；而在单机架情况下，钢带在反复通过该轧机的过程中实现厚度变薄。通过向支撑辊和工作辊施加压力，改变进带与出带的厚度差。主要的控制变量为第一机架钢带的张力与厚度，其次是钢带的板形（应力分布）与平整度。在过程控制中，可测变量为张力、通过测压元件及基于射线测量装置获得的轧制力。在冷连轧机中，钢带的厚度控制可以通过基于测厚仪原理的自动厚度控制（Automatic Gauge Control，简称 AGC）来实现。该方法根据轧机拉伸特点，当厚度增加或减少时，会相应地引起轧制力大小的变化，因而，通过对轧制力的测量及调整，可以纠正钢带的出口偏差。

在理想状态下，轧机可被视作一个巨大的刚性弹簧，输出规格如式（6 − 1）所示：

$$h_{out} = S + E(f) \tag{6 − 1}$$

式中，S 为辊缝初始设置；$E(f)$ 为弹簧伸长；f 为轧制力。微分法线性化 h_{out}^0、

S_0、f_0 得到三者的关系式 (6-2):

$$\Delta h = \Delta S + \frac{\Delta E}{\Delta f} \times \Delta f = \Delta S + \frac{1}{M_m}\Delta f \qquad (6-2)$$

式中，M_m 为轧机模数。在理想状态下，辊缝位置可调整到 $\Delta S = 0$，则有：

$$\Delta h = \frac{1}{M_m}\Delta f \qquad (6-3)$$

也就是说，当输出规格 Δh 增大或减小时，轧制力 Δf 也相应地增大或减小。因此，可以通过对轧制力的测量及调整来纠正输出规格的误差，此即为测厚仪工作原理。根据该工作原理，可以根据变量间微小变化的相关性来计算厚度规格设置的变化量。当 $\Delta h \neq 0$ 时，要使 $\Delta h = 0$，则应有：

$$\Delta h = 0 = \Delta S + \frac{1}{M_m}\Delta f \qquad (6-4)$$

相应地有：

$$\Delta S = -\frac{1}{M_m}\Delta f \qquad (6-5)$$

式中，Δf 为轧制力变化的测量值。因此有下列两种情况：

(1) 若 $\Delta h > 0$，则有 $\Delta f > 0$，根据式 (6-5)，若要 $\Delta S < 0$ 成立，需要减小辊缝；

(2) 若 $\Delta h < 0$，则有 $\Delta f < 0$，根据式 (6-5)，若要 $\Delta S > 0$ 成立，需要增大辊缝。

这种基于测厚计原理的方法就称为轧机的弹性补偿，它采用调整补偿的方式：

$$\Delta S = -\frac{1}{M_c}\Delta f \qquad (6-6)$$

式中，M_c 为轧机模数 M_m 的渐近调整量。

因此，控制系统根据入口带钢厚度变化及硬度变化情况，调整带钢出口厚度规格，以实现对带钢的控制。测厚计系统根据轧制力测量值相应变化，以补偿因轧机伸展而造成的辊缝改变。轧机伸展特性与轧制力测量设备共同作用，辅助轧机位置制动器提供反馈信号。

在处理入口厚度规格调整及带钢硬度调整方面依靠测厚原理就足够了，但是，在解决某些情况时，采用这种补偿方法仍存在一些问题，例如：

(1) 支撑辊的偏心率；

(2) 当支撑辊采用油膜轴承时，随着轧辊转速的变化，油膜厚度发生变化并影响辊缝的精度；

(3) 轧辊的刚度、变形、磨损以及辊型选择错误。

在本节中，主要关注支撑辊的偏心影响。由于某些原因，如热膨胀、轧辊磨损、不理想轧制状态等等，使支撑辊与工作辊常常不能保持在理想的圆柱状，因此会造成实际辊缝大小及轧辊负荷的偏差。但由于支撑辊的直径非常大，因此它的轧辊形状有些微变化对轧制结果的影响较小。偏心信号的周期与支撑辊的旋转周期相等。

这种周期性的轧辊偏心影响导致轧件规格发生偏差，更重要的是，它会将错误的信号传给辊缝位置控制器，从而造成更大的偏心误差。假设在理想的物理条件及轧制状态下，轧制力和测厚仪信号将处于稳态。但是，当轧辊形状发生偏差时，会增大轧制力，测厚仪测量到轧制力增大时，会相应地减小辊缝，这样，由于轧辊偏心就导致了出口带钢厚度偏低。由此可见，不仅仅自然偏心导致了厚度规格的变化，测厚仪的相应作用更加剧了这种厚度偏差。因此，仅靠测厚仪无法正确分辨导致轧制力变化的各种情况。

现代轧钢工业是一个自动化工业过程，一方面要求产品公差允许量较高，但却往往被轧机偏心作用所限制。因此，在工业控制过程中，需要考虑一个可行的偏心补偿方案。在这方面，有很多研究者做了大量的工作以寻求最好的偏心补偿解决办法[190~197]。

到目前为止，只有少数研究者采用神经网络来解决偏心补偿问题。1994 年，Fechner[198]等人采用递归最小二乘和指数遗忘的径向基函数（RBF）神经网络作为轧制力偏心滤波器。这种解决办法基于偏心信号的周期性。因此，如果能够很好地预测偏心信号，就可以从轧制力的测量值中去掉偏心作用影响部分，从而得到正确的轧制力信号。正如 Fechner 等人指出的那样，通过闭环反馈控制，偏心滤波器的输出将影响滤波器的输入信号，因此需要将滤波器与整个系统放在一起进行研究。后来，Neumerkel[136]等人在他们的文章中提出：实际的轧钢实验证明，Fechner 等人的方法是非鲁棒性的。

6.2 仿真模型

通过对电压机械系统的分析研究，可得图 6－2 所示转移函数的结构图。参数值根据实验及物理性质确定。模型的频率与增益值随着实验数据相应修正。

在图 6－2 中，G 表示液压辊缝模型，通过闭环实现对辊缝位置的控制。

$$G = 4056.32/(s^2 + 63.58s + 4123.93) \tag{6-7}$$

式中，$s = \partial x/\partial t$。

G_e 为偏心扰动模型。

$$G_e = 852.224/((s^2 + 0.0314s + 985.96) \times (s^2 + 0.0294s + 864.36)) \tag{6-8}$$

G_h 为进带厚度与硬度扰动模型：

$$G_h = 0.333/(s + 0.333) \tag{6-9}$$

偏心模型需要包含两个由零均值白噪声驱动的轻阻尼振荡器，协方差为

$E\{\omega(t)\omega(\tau)\} = x_1^2$，此处，$x_1 = 0.00012$。

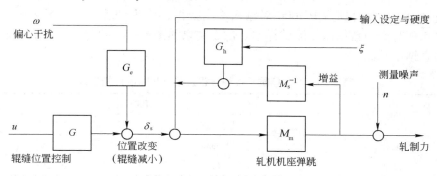

图 6 - 2　单机架冷轧机模型

冷轧过程中，带钢的硬度变化会使物理数据的代价增高，因此采用由零均值白噪声驱动的一阶滞后，其协方差为 $E\{\xi(t\xi(\tau)\} = x_2^2\delta(t - \tau)$。其中，$x_2 = 0.00007$，$\delta$ 为 Kronecker $-\delta$ 函数。

由于在冷轧过程中，干扰和噪声是同时存在的。因此，在实验中同时考虑干扰与噪声，以模拟出一个真实的环境。上述各子模型联合作用于一个整体模型中，构成具干扰因素的轧制系统。

为产生轧制力和规格变化，实验中采用一个简单线性微调模型。此处，规格 $h(t)$ 满足式（6 - 10）：

$$\Delta h(t) = \frac{M_m M_s^{-1}}{1 + M_m M_s^{-1}}\Delta s(t) + \frac{1}{1 + M_m M_s^{-1}}\Delta H(t) \qquad (6-10)$$

式中，M_m 和 M_s 分别为轧机与带钢系数，其中 $M_m = 1.039 \times 109 \mathrm{N/m}$，$M_s = 9.81 \times 108 \mathrm{N/m}$；$s(t)$ 为辊缝设置值。

轧制力测量值 $z(t)$ 满足：

$$\Delta z(t) = M_m(\Delta h(t) - \Delta s(t)) + n(t) \qquad (6-11)$$

式中，$n(t)$ 为测量噪声，协方差为 $E\{n(t)n(\tau)\} = x_3^2\delta(t - \tau)$，$x_3 = 1000$。

对冷连轧的控制要求：在存在偏心和输入硬度干扰的情况下，通过对轧制力进行测量，调整输出规格。这种控制问题并不是通过可测变量直接控制的，而是通过测量变量来控制另一个系统变量——带钢规格，从而实现最终的控制目的。

6.3　仿真结果与讨论

仿真过程中，采用 5 阶 Butterworth 特征方程作为参考模型：

$$F(s) = s^5 + 3.24\omega_n s^4 + 5.24\omega_n^2 s^3 + 5.24\omega_n^3 s^2 + 3.24\omega_n^4 s + \omega_n^5 \qquad (6-12)$$

式中，ω_n 为系统的自然频率。

采用上述参考模型生成输入——输出数据用于 DIQC 的在线学习。采用 5 阶 Runge – Kutta 整合器生成 1000 对输入输出数据,作为训练样本,另采用来自攀钢的 500 对实测数据用作测试样本。仿真结果如图 6 – 3 和图 6 – 4 所示。表 6 – 1 为仿真结果总结。

表 6 –1 DIQC 抗干扰均方根误差 (RMSE) 情况表

项 目	RMSE	
	非控系统	DIQC
偏心干扰	0.3336	0.0457
硬度干扰	0.1259	0.0208

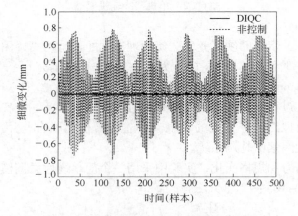

图 6 – 3 DIQC 抗偏心干扰时间响应情况

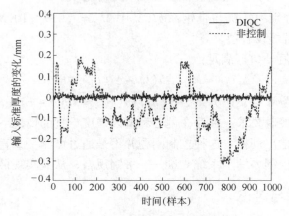

图 6 – 4 DIQC 抗来料硬度干扰时间响应情况

从图中可以看出,DIQC 控制器抗干扰能力良好。但值得注意的是,无论是

PID 控制器还是 CCNC 控制器，均不具备满意的抗干扰能力。由此可看出，对于干扰的控制非常困难，本书提出的 DIQC 控制器在抗干扰方面的性能同样不及它的其他方面。这也说明，即使一个可学习的非线性控制器，也不是解决所有控制问题的万能灵药。

6.4　小结

在这一章，通过对偏心干扰及来料硬度变化干扰控制问题的仿真，证明了 DIQC 对含强干扰及噪声的非线性多变量控制问题具有很好的拟合性。虽然无法通过实际操作去验证所提方法的实用性与实际性能，但是可以预料，本书所提方法在性能上完全可以超过现用的那些线性方法，如 90% 的工业控制系统仍然在沿用 PID 控制方法。

7 基于 DIQC 的冷连轧厚度控制（AGC）研究

本章通过对冷连轧厚度控制过程的仿真，评价 DIQC 对参考信号的跟踪能力。同时对 DIQC 对过程干扰与测量噪声的鲁棒性进行评价，并将结果与常用的 PID 控制和 CCNC 进行比较。

7.1 问题描述

在冶金轧制过程中，尤其是冷轧过程中，钢带沿长度方向上的厚度变化控制要求精度非常高，通常需要几百弧度/秒带宽的快速响应液压系统方能满足这种要求[199]。AGC 系统的目标是消除厚度偏差。首先要检测轧制过程中带钢的厚度偏差，然后采取措施消除这一厚度偏差。前者称为 AGC 运算，属于 AGC 系统；后者不属于 AGC 系统，所以 AGC 的基本系统只包括两个环节，即厚度偏差的检测和 AGC 运算。

AGC 系统的作用是消除轧制过程中所产生的带钢纵向长度上的厚度偏差。它不管原始的辊缝给定值，只在辊缝预设定的基础上，使板带出口厚度控制在公差范围之内。

早期的 AGC 系统都是采用模拟电路来实现的，调试过程非常复杂，测试周期很长。而且模拟电路故障发生率高，故障检测困难。同时，模拟 AGC 无法对数学模型进行准确的计算。随着电子技术、计算机技术和离散控制技术的发展，模拟 AGC 逐渐被数字 AGC 所取代。数字 AGC 系统硬件构成简单，并且计算机运行稳定，故障率小，故障检查简单，对大型数学模型的处理也很容易，能够适应不同钢种、规格和工艺参数的要求，便于对过程的参数进行补偿、修正；另外，计算机技术在 AGC 系统中的应用，使 AGC 系统的开发周期和调试周期大大缩短。

典型的可逆式冷轧机 AGC 系统包括压力 AGC、前馈 AGC、反馈 AGC、速度补偿 AGC、监控 AGC、张力 AGC、流量 AGC 等几个部分。

在一个单机架可逆式带钢轧机（图 6 - 1）中，由轧机一端的开卷机提供进带，钢带通过工作辊之后厚度降低，由另一端的卷取机成卷，轧缝减小，然后往相反方向重复该过程，这样往复轧制，直到出带达到要求的厚度为止。轧钢的厚度虽然也受其他因素影响，如钢带间的张力，进材的硬度，轧制过程中的淬火等，但主要由工作辊之间的辊缝大小决定。辊缝初始状态由电动压下装置设定。一旦钢带产生螺纹，就立即通过扩大或收缩液压缸来改变辊缝的大小[200]。在自动厚度控制系统（AGC）中，汽缸控制主要表现在两个方面：压力（负荷）控制与位置控制[201]。图7-1[202]就是一个典型的液压位置控制的闭环装置。在位置控制装置中，将位置传感器改成压力传感器则成为压力控制闭环装置。

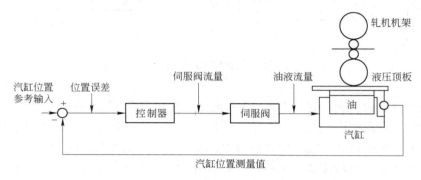

图7-1　液压AGC控制环

　　事实上，汽缸位置参考信号也综合了很多未包含在图7-1中的其他闭环控制装置信息，如，在轧制过程中，钢带的厚度会一直被跟踪测量，只要稍稍有一点偏离期望值，则需要立即减弱汽缸位置参考信号[203]。然而，由于物理上的一些原因，对钢带厚度的测量只能在距辊缝一定距离的地方才能实施，这样就造成了传送延迟。当对这种短时误差进行补偿的时候，就会严重降低厚度控制性能。对于高性能轧机，可以在辊缝处测量进带厚度，并利用闭环反馈控制进行调整，这样汽缸就必须随辊缝的变化进行在线调整。对位置控制系统有影响的另一个常见因素是轧辊偏心现象，它由轧辊磨损等原因引起。在冷连轧控制过程中，由于对厚度控制精度要求越来越高，因而也要求厚度以及相应的辊缝控制精度提高。一般情况下，厚度控制系统会遵循单输入、单输出的设计方法[204]，近年来，PI与PID控制器被用来进行控制。轧制过程是一种典型的多变量系统，钢带厚度、辊缝位置、轧制力和带钢硬度之间存在着很强的相关性[205]，因此，需要一种新的设计策略来解决这种变量间相互影响的问题，同时提高厚度控制精度。对于工业过程而言，找出一种可行的控制方案是最重要的，譬如在钢铁企业需要产品质量更好，费用更低。在寻找最好的可行方案上，很多研究者做了大量工作[193,195~197,202]。随着计算机技术的发展，在AGC方面采用智能控制方法，如模糊逻辑推理系统、神经网络等成为可能。

7.2　仿真模型

　　在研究中可以采用AGC位置控制伺服阀与封装囊（capsule）模型（如图

7 – 2所示）。

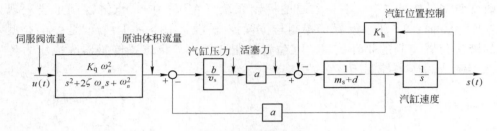

图 7 – 2 AGC 位置控制伺服阀与汽缸模型

它最初起源于物理直觉[202]，后来这些直觉由图 7 – 2 所示的更合理的伺服阀与封装囊所取代[206]。图 7 – 2 中，假设位置传感器的动态性可以忽略不计。

需要强调的是，在辊缝位置控制中，由于轧机的其他部分（如力控制环等）的干扰或测量噪声对位置控制具有较大影响，因而需要一并考虑。这样就可采用同时考虑轧机位置控制、干扰、测量噪声等因素的模型（图 6 – 2）。参数值根据实验及物理性质数据来确定[124]。模型的频率与增益值可取与实验数据匹配的适当值。

在图 6 – 2 中，G 表示图 6 – 2 所示闭环位置控制的液压辊缝模型，G_e 为偏心干扰模型：

$$G_e = 852.224/((s^2 + 0.0314s + 985.96) \times (s^2 + 0.0294s + 864.36)) \quad (7 – 1)$$

G_h 为进带厚度与硬度干扰模型：

$$G_h = 0.333/(s + 0.333) \qquad\qquad (7 – 2)$$

式中，$s = \partial x/\partial t$。

采用包含两个轻阻尼振荡器的偏心模型，由零平均值的白噪声驱动，白噪声的协方差为 $E\{\omega(t)\omega(\tau)\} = x^2$，$x = 0.00012$。

在冷轧过程中，得到硬度变化的物理数据相当困难，因此借鉴 Grimble 实验方法，采用协方差为 $E\{\xi(t)\xi(\tau)\} = x_2^2\delta(t - \tau)$、零平均值的白噪声驱动的一阶延迟。其中，$x_2 = 0.00007$，$\delta$ 为 Kronecker delta 函数。

干扰与噪声同时应用，以模拟实际冷轧过程中干扰与噪声同时存在的情况。

为了生成轧制力与标尺变化，借鉴 Grimble[193] 的实验方法，采用一个微调模型。标尺变量 $h(t)$ 需要满足式（7 – 3）：

$$h(t) = \frac{M_m M_s^{-1}}{1 + M_m M_s^{-1}}\Delta s(t) + \frac{1}{1 + M_m M_s^{-1}}\Delta H(t) \qquad (7 – 3)$$

式中，$M_m = 1.039 \times 10^9 \text{N/m}$ 为轧机模数；$M_s = 9.81 \times 10^8 \text{N/m}$ 为钢带模数；$s(t)$ 为辊缝设置。

轧制力 $z(t)$ 为：

$$\Delta z(t) = M_m(\Delta h(t) - \Delta s(t)) + n(t) \tag{7-4}$$

式中，$n(t)$ 为噪声，协方差为 $E\{n(t)n(\tau)\} = x_3^2\delta(t-\tau)$，$x_3 = 1000$。

冷连轧过程中的厚度控制需要在具有干扰的情况下，通过调整辊缝与轧制力来调整出带厚度标准。由于采用测定的变量来控制变量或钢带厚度标准变量，因此，这种结果只是推论性的。

7.3 仿真结果与讨论

实验中采用 5 阶 Butterworth 特征方程[55]作为参考模型。即：

$$F(s) = s^5 + 3.24\omega_n s^4 + 5.24\omega_n^2 s^3 + 5.24\omega_n^3 s^2 + 3.24\omega_n^4 s + \omega_n^5 \tag{7-5}$$

式中，ω_n 为系统的固定频率，$\omega_n = 200\text{rad/s}$。它的阻尼比为 $\xi = 0.71$，时间可以通过近似公式 $t_s \approx 4/\xi\omega_n$ 来求得。延迟时间 $t_d \approx (1+0.7\xi)/\omega_n$。由于三个控制器的带宽都由过程的固有频率及阻尼比决定，因此它们设计的带宽均相同。

将通过上述参考模型生成的输入、输出数据作为 DIQC 的训练样本。用 Runge – Kutta 五阶积分器[55]生成 1000 对输入、输出数据，作为训练样本，另采用来自攀钢的 500 对样本数据作为测试样本，并用于测试 DIQC 的泛化能力。采样间隔为 $t = 0.005\text{s}$，取值范围为 $[-1, 1]$。用在线学习的方式训练 DIQC。作为对照，将同样的样本用于采用快速传播学习算法的 CCNC 上。快速传播参数为：学习率 $\eta = 0.005$，最大增长参数 $\mu = 1.75$，权重衰退期为 $\gamma = 0.0001$，参考值与输出值间最大允许误差 $d_{max} = 0.1$。为了对比，将两个 PID 控制器用于同样过程中。其中一个用在位置控制环，另一个用于轧制力控制环。PID 控制器的参数为：增益 $k_c = 15.5$，积分时间常量为 $\tau_I = 1.6$，微分时间常量 $\tau_D = 2$。参量根据"工业标准 Ziegler – Nichols 方法"[55]来选取的。仿真结果如图 7 – 3 ~ 图 7 – 10 所示。

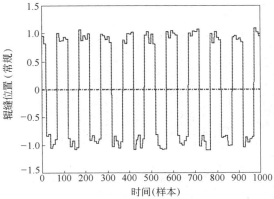

图 7 – 3　非控制系统辊缝位置响应时间

图 7-3 与图 7-4 为非控制系统响应时间情况。

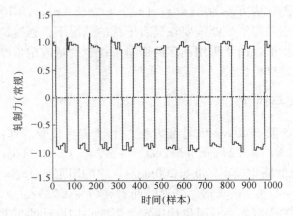

图 7-4 非控制系统轧制力响应时间

在降低因干扰和辊缝位置测量噪声造成的偏差方面，PID 控制的性能较差（如图 7-5 和图 7-6 所示）。用 PID 控制器性能不佳的原因主要在于它的最优参数往往是高度不稳定的，或者是轧制过程的耦合性比较强。固定的 PID 控制器则无法捕捉到隐藏的过程行为。CCNC 的性能虽然不十分令人满意，但比 PID 控制器要好很多（见图 7-7 和图 7-8）。CCNC 网络对辊缝位置的响应非常好，但是对轧制力的响应能力要差很多，说明 CCNC 控制器对过程行为的快速变化响应能力比较差。但是，DIQC 控制器的结果比 PID 控制器和 CCNC 要优良得多（图 7-9 和图 7-10）。

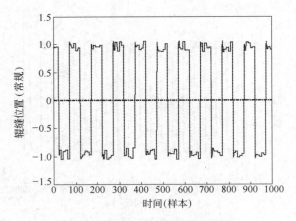

图 7-5 PID 控制辊缝位置响应时间

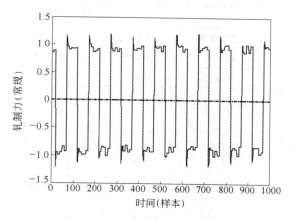

图 7 − 6　PID 控制轧制力响应时间

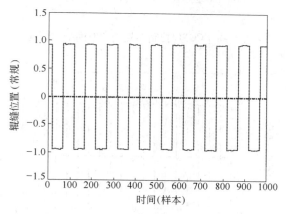

图 7 − 7　CCNC 控制器辊缝位置时间响应情况

　　考虑到干扰主要是发生在力控制环内部（如图 6 − 2 所示），可以看出，DIQC 比 CCNC 对于干扰的控制更优（图 7 − 8 和图 7 − 10）。

　　表 7 − 1 列出了主要的对比情况。由于辊缝位置与轧制力误差均会造成钢带的厚度误差，因此，由表 7 − 1 可以得出结论：DIQC 与 CCNC 的控制效果比 PID 更优，而 DIQC 则又比 CCNC 效果更好。这也说明，在非线性工业过程控制中，非线性控制方法比线性控制方法要优越得多。DIQC 除了可以比 CCNC 获得更高的逼近精度外，它的规模也比 CCNC 更小。DIQC 只含 24 个隐节点，CCNC 则有 37 个隐节点。

表 7-1　DIQC、PID 与 CCNC 辊缝位置与轧制力控制均方根误差 （RMSE） 对比表

项　目	RMSE			
	非控系统	PID	DIQC	CCNC
辊缝位置	0.1724	0.0897	0.0285	0.0312
轧制力	0.1232	0.0787	0.0127	0.0518

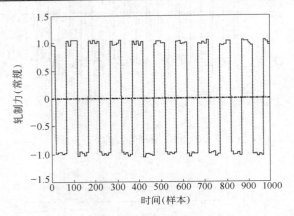

图 7-8　CCNC 控制器轧制力时间响应情况

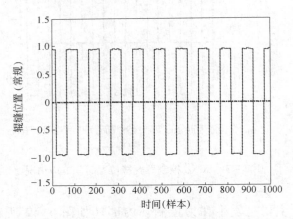

图 7-9　DIQC 控制器辊缝位置时间响应情况

　　为使 CCNC 能有足够好的性能，全部输入、输出变量都必须被归一化到 [-1, 1] 之间。如果不满足该条件，则会造成网络性能极差，甚至无法完成学习过程。这种条件在实际工业过程控制中很难达到，因为实际的过程变量往往范围不同，并且不时地变化着。相反，如果使用 DIQC，由于采用了乘积算子，则它对变量归一化的敏感程度大大降低。同时，DIQC 和 CCNC 之间对于目标漂移

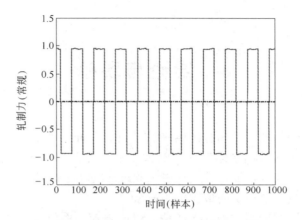

图 7 - 10　DIQC 控制器轧制力时间响应情况

问题的解决办法也有很大区别。此外，CCNC 的纵深结构也会导致一些应用上的问题。在这种结构下，信号传播速度会变得非常慢，难以适应过程的快速变化情况，当网络的规模比较大时，这个缺陷会表现得尤为突出。这就是为什么 CCNC 不能获得 DIQC 同样良好性能的原因所在。控制精度和计算效率都表明，基于可调结构与参量的 FNN 之上的直接模型参考自适应控制——DIQC 可以提高含有干扰与测量噪声的工业过程控制性能。

7.4　小结

在这一章，通过对冷连轧厚度控制问题的仿真，证明了 DIQC 方法在厚度控制上的适用性。与古典线性控制器与动态构造神经网络相比，动态智能质量控制器 DIQC 与 CCNC 在厚度控制上的效果比 PID 更优，而 DIQC 则又比 CCNC 效果更好。这也说明，在非线性工业过程控制中，非线性控制方法比线性控制方法要优越得多。DIQC 除了可以比 CCNC 获得更高的逼近精度外，它的规模也比 CC-NC 更小。

8　结论与展望

〰〰〰〰〰〰〰〰〰〰〰〰〰〰〰〰〰〰〰〰〰〰〰〰〰〰〰〰〰〰〰〰〰〰

　　本书提出了一个基于模糊神经网络的统一、全面的智能控制器 DIQC。研究动机在于：由于包括带钢冷连轧在内的大多数工业控制问题存在复杂性、非线性、交互作用、时变等特征，并且这些工业过程的动态性对干扰和噪声的影响非常敏感，需要寻找一个稳定的最优控制策略。

　　因此，需要增加控制过程的智能性，以增强控制系统抽象关联函数的能力，并通过改变这些关联来提高控制精度，即增加控制器的学习与推理能力。通过对攀钢现有冷连轧控制系统的分析，为解决其抗干扰能力不够、控制精度与智能化程度不高等问题，提出将模糊逻辑与神经网络结合起来，构造一个动态智能质量控制器，该控制器具有自组织、自学习功能，它通过过程输入、输出数据以及可调结构与参数的参考模型实现对具有上述特征的带钢冷轧系统进行在线控制。

　　在构建 DIQC 过程中，考虑了多种影响因素，如控制器的动态构建方式以降低偏差/方差两难性、全局逼近性质、参数局部性与线性条件等；研究了智能控制方法中多个重要方面，如全局控制问题、为保持全局闭环稳定而要求的控制器激励持续与学习率的界定、泛化能力、数据分布的最优策略、控制器在线学习与反馈条件等；还对模糊推论的一些方面进行了探讨，如去模糊方法的选择、T－norm 算子、隶属函数对控制器全局性能的影响等；此外，也对 ε－完备性要求和模糊类似度测定方面进行了研究。

　　本书重点在于提出动态智能质量控制器的构建方法及其在冷连轧厚度、干扰控制方面的应用。列举了 DIQC 在冷连轧过程中扭振控制、偏心与硬度干扰控制、厚度控制等方面的应用，通过与传统线性控制器以及另一动态构造的神经网络进行对比，可说明本书所提 DIQC 在解决非线性、多变量、含干扰与噪声的带钢冷连轧系统控制问题上具有更高的精度与良好的抗扰能力。

　　由上述讨论可见，模糊逻辑推理系统和神经网络在智能控制系统发展过程中将扮演非常重要的角色。研究表明，基于这两种智能方法构建的智能控制器可以实现结构与参数的自学习性与动态性。虽然在上述方面取得了一些成果，但是仍存在一些未解决或者解决深度不够的问题，如对于闭环系统稳定性与学习收敛方面的研究并不彻底等等。此外，如考虑采用遗传算法与增强学习方法，或许能够获得更有效、更自主的控制方法。

　　另外，随着控制问题要求的不断提高，数量的不断增多，语意式问题的更加普遍，需要具有更强大表现结构与学习算法的控制方法来适应，这些也是后继研究的目标。

参 考 文 献

［1］ 陈启祥，帅奇．浅谈我国中厚板的设备及生产［J］，冶金信息，2000，4：21.

［2］ 李峰．谈我国中厚板轧机的技术改造［J］，轧钢，1995，12（4）：47.

［3］ 李伏桃，陈岿．板带连续轧制［M］．康永林译．北京：冶金工业出版社，2002.

［4］ 孙卫华，孙浩，孙玮．我国中厚板生产现状与发展［J］．山东冶金，1999，21（12）：13.

［5］ 孙一康．带钢冷连轧计算机控制［M］，北京：冶金工业出版社，2002.

［6］ 贺毓辛．现代轧制理论［M］．北京：冶金工业出版社，1993.

［7］ 丁修现．轧制过程自动化［M］．北京：冶金工业出版社，1986.

［8］ 唐谋凤．现代带钢冷连轧机自动化［M］．北京：冶金工业出版社，1995.

［9］ 李庆尧，等．带钢冷连轧机过程控制计算机及应用软件设计［M］．北京：冶金工业出版社，2002.

［10］ 吴庆洪．冷轧数学模型研究及分布式冷轧计算机控制系统设计与仿真［D］．沈阳：东北大学，1999.

［11］ 王国栋，刘相华．金属轧制过程人工智能优化［M］．北京：冶金工业出版社，2000.

［12］ 汪祥能，丁修堃．现代带钢连轧控制［M］．沈阳：东北大学出版社，1996.

［13］ 刘雅超，张宇，方冰，等，攀钢冷轧厂酸轧联机过程控制计算机系统［J］．冶金自动化，2003，增刊．

［14］ K S Narendra, S Mukhopadhyay. Adaptive control of nonlinear multivariable systems using neural networks［J］. Neural Networks, 1994, 7（5）：737～752.

［15］ J Eaton, J Rawlings. Feedback control of chemical processes using on－line optimization techniques［J］. Computers in Chemical Engineering, 1990, 14：469～479.

［16］ 谈芬芳．基于 BP 神经网络的冷轧轧制压力预报［D］．武汉：武汉科技大学，2005.

［17］ 王国栋，刘相华．金属轧制过程人工智能优化［M］．北京：冶金工业出版社，2000.

［18］ 蔡自兴，等．人工智能及其应用［M］．北京：清华大学出版社，1996.

［19］ 郭代仪，等．神经网络及其在机械工程中的应用［M］．重庆：重庆大学出版社，1998.

［20］ 张立明．人工神经网络的模型及其应用［M］．上海：复旦大学出版社，1993.

［21］ Dieter Lindhoff, et al. Application of Neural Networks in Rolling Mill Nicklaus F［J］. Portmann, Automation. Iron & Steel Engineering, 1995, （2）：33～36.

［22］ Experience with the application of neural networks in rolling mill automation protman［C］. NF. Third advanced modeling and control seminar proceedings pennsylvnisa USA, Sept, 1994.

［23］ Predication of the mechanical properties of hot－rolled C－Mn steels using artificial neural networks liu ZY［J］. Journal of Materials Processing Technology FEB, 1996.

［24］ Pichler R. On－line optimization of the rolling process－a case of neural networks Steel Times［C］. Sept, 1996.

［25］ S Seinf. Neutral networks based identification methods to solve nonlinear problem in rolling mill subsystems Strub ［C］. Intrnation Conference on Modeling of Metal Rolling Process London UK. Dec, 1996.

［26］ Larkiola J. Predication of rolling force in cold rolling by physical models and neural computing ［J］. Journal of materials processing technology Espoo Finland, 1997.

［27］ 王邦文, 等. 基于神经网络铝箔轧机轧制力模型 ［J］. 北京科技大学学报. 1997. 4.

［28］ 刘相华, 等. 利用人工神经网络对管材张减精度预测 ［J］. 钢铁, 1995, 30 (11): 26～29.

［29］ 孙一康, 等. 神经网络在热连轧精轧机组轧制力预报的应用 ［J］. 钢铁, 1996, 31 (1): 54～57.

［30］ 蔡正, 等. 神经网络结合数学模型预测带钢卷取温度 ［J］. 钢铁研究学报, 1998. 6.

［31］ 刘相华, 等. 基于神经网络在热连轧精轧机组轧制力高精度预报 ［J］. 钢铁, 1998, 33 (3): 33～35.

［32］ 李俊. 基于神经网络的热粘塑性材料本构关系的建立 ［J］. 钢铁研究. 1998, 9.

［33］ 谭文, 等. 基于神经元网络和粒子群优化算法的轧制工艺—性能优化 ［J］. 宽厚板, 2007, (2): 1～5.

［34］ R M Sanner, J J E Slotine. Function approximation, 'neural' networks, and adaptive nonlinear control ［C］. Proceedings Third IEEE Conference on Control Applications, 1994, 2: 1225～1232.

［35］ 焦李成. 神经网络计算 ［M］, 西安: 西安电子科技大学出版社, 1993.

［36］ S Chen, S A Billings. Neural networks for nonlinear dynamic systems modelling and identi_ cation ［J］. International Journal of Control, 2002, 56 (2): 319～346.

［37］ J B Gomm, G F Page, D Williams (Eds.). Applications of neural networks to modelling and control ［M］. Chapman and Hall, 2003.

［38］ K J Hunt, R Haas, M Brown. On the functional equivalence of fuzzy inference systems and spline – based networks. International Journal of Neural Systems ［J］. 2004, 6 (2): 171～184.

［39］ G W Irwin, K Warwick, K J Hunt. Neural networks applications in control ［C］. IEEE, London, 2005.

［40］ M Khalid, S Omatu, R Yusof. Temperature regulation with neural networks and alternative control schemes ［J］. IEEE Transactions on Neural Networks, 2006, 6 (3): 572～582.

［41］ S J Kim, M Lee, S Park, et al. Neural linearizing control scheme for nonlinear chemical processes ［J］. Computers in Chemical Engineering, 2006, 21 (2): 187～200.

［42］ W T Miller, R S Sutton, P J Werbos. Neural networks for control ［M］. MIT Press, London, 2000.

［43］ D Neumerkel, J Franz, L Kruger, et al. Real – time application of neural model predictive control for an induction servo drive ［C］. Proceedings Third IEEE Conference on Control Applications, 2004.

［44］ G V Puskorius, L A Feldkamp. Neurocontroller of nonlinear dynamical system with Kalman filter ［J］. IEEE Transactions on Neural Networks, 2004, 5 (2): 279～297.

[45] D Sbarbaro－Hofer, D Neumerkel, K Hunt. Neural control of a steel rolling mill ［J］. IEEE Control Systems Magazine, 2003, 13 (3): 69～75.

[46] V Vemuri. Artificial neural networks in control applications ［J］. Advances in Computers, 2000, 36: 203～254.

[47] K Warwick, G Irwin, K Hunt (Eds.). Neural networks for control and systems ［C］. Peter Peregrinus, London, 2002.

[48] M J Willis, G A Montague, C Dimassimo, et al. Artificial neural networks in process estimation and control ［J］. Automatica, 2006, 28 (6): 1181～1187.

[49] R W Zbikowski, K J Hunt. Neural adaptive control technology ［M］. World Scientific, 1996.

[50] Y Zhang, P Sen, G E Hern. An on－line trained adaptive neural controller ［J］. IEEE Control Systems Magazine, 2006, 15 (5): 67～75.

[51] 薛定宇. 控制系统计算机辅助设计 ［M］. 北京: 清华大学出版社, 1993.

[52] L A Zadeh. Fuzzy sets ［J］. Information and Control, 1965, 8: 338～353.

[53] C C Lee. Fuzzy logic in control systems: fuzzy logic controller－parts I and II ［J］. IEEE Transactions on Systems, Man, and Cybernetics, 1990, 20 (2): 404～435.

[54] D Driankov, H Hellendoorn, M M Reinfrank. An introduction to fuzzy control ［C］. 2nd ed., Springer－Verlag, Berlin－Heidelberg, 1996.

[55] K Åström, B Wittenmark. Computer controlled systems ［J］. Theory and Design, 2nd ed., Prentice－Hall, 1995.

[56] T J Procyk, E H Mamdani. A linguistic self－organizing process controller ［J］. Automatica, 1979, 15 (1): 15～30.

[57] E H Mamdani, S Assilian. An experiment in linguistic synthesis with a fuzzy logic controller ［J］. International Journal of Man－Machine Studies, 1975, 7 (1): 1～13.

[58] J S R Jang. ANFIS: adaptive－network－based fuzzy inference systems ［J］. IEEE Transactions on Systems. Man and Cybernetics, 2003, 23 (3): 665～685.

[59] J S R Jang, C T Sun. Neuro－fuzzy modelling and control ［C］. Proceedings of IEEE, 2006, 83: 378～406.

[60] J S R Jang, C T Sun, E Mizutani. Neuro－fuzzy and soft computing: a computational approach to learning and machine intelligence ［M］. Prentice Hall, 2002.

[61] E Khan, F Unal. Recurrent fuzzy logic using neural networks ［C］. Proceedings 1994 IEEE Nagoya World Wisepersons Workshop, 2004, 48～55.

[62] J Nie, D Linkens. Fuzzy－neural control: principles, algorithms and applications ［M］. Prentice Hall, 2006.

[63] L X Wang. Adaptive fuzzy systems and control: design and stability analysis ［M］. Prentice Hall, Englewood Cliffs, NJ, 2004.

[64] H Berenji, P Khedkar. Learning and tuning fuzzy logic controllers through reinforcements ［C］. IEEE Transactions on Neural Networks, 2003, 3 (5): 724～740.

［65］ B Kosko. Neural networks and fuzzy systems: a dynamical approach to machine intelligence ［C］. Prentice Hall, Englewood Cliffs, NJ, 2001.

［66］ C J Lin, C T Lin. Reinforcement learning for an ART – based adaptive learning control network ［C］. IEEE Transactions on Neural Networks, 2005, 7 （3）: 709 ~ 731.

［67］ D Nauck, R Kruse. A fuzzy neural network learning fuzzy control rules and membership functions by fuzzy error backpropagation ［C］. Proceedings IEEE International Conference on Neural Networks （ICNN'03）, 2003, 1022 ~ 1027.

［68］ A Kandel, G Langholz. Fuzzy control systems ［M］. CRC Press, Boca Raton, FL, 2003.

［69］ R J Marks （Ed.）. Fuzzy logic technology and applications ［J］. IEEE Press, New York, 2004.

［70］ H Nguyen, M Sugeno, R Tong, et al. Theoretical aspects of fuzzy control ［M］. John Wiley and Sons, 2005.

［71］ W Pedrycz. Fuzzy control and fuzzy systems ［M］. 2nd ed. John Wiley and Sons, New York, 2003.

［72］ M Sugeno （Ed.）. Industrial applications of fuzzy control ［M］. Elsevier Science, Amsterdam, 1985.

［73］ M Sugeno. Fuzzy control: principles, practice and perspectives ［C］. Proceedings IEEE International Conference on Fuzzy Systems, 2002, 4: 109 ~ 112.

［74］ J Yen, R Langari, L Zadeh （Eds.）. Industrial applications of fuzzy logic and intelligent systems ［C］. IEEE Press, 2006.

［75］ M Brown, C Harris. Neurofuzzy adaptive modelling and control ［M］. Prentice – Hall, 1994.

［76］ V Gorrini, H Bersini. Recurrent fuzzy system ［C］. Proceedings Third IEEE International Conference on Fuzzy Systems, 1994, 193 ~ 198.

［77］ J S R Jang, C T Sun. Functional equivalence between radial basis function networks and fuzzy inference systems ［J］. IEEE Transactions on Neural Networks, 1993, 4 （1）: 156 ~ 159.

［78］ C Harris, C Moore, M Brown. Intelligent control: aspects of fuzzy logic and neural nets ［M］. World Scientific, London, 1993.

［79］ K J Hunt, D Sbarbaro – Hofer, R Zbikowski, et al. Neural networks for control systems – a survey ［J］. Automatica, 1992, 28 （6）: 1083 ~ 1112.

［80］ K J Hunt, G Irwin, K Warwick （Eds.）. Neural network engineering in dynamic control systems ［C］. Springer – Verlag, London, 1995.

［81］ K Warwick, C Kambhampati, P Parks, et al. Dynamic systems in neural networks ［C］. Neural network engineering in dynamic control systems, Springer – Verlag, London, 1995, 27 ~ 41.

［82］ K S Fu. Learning control systems: review and outlook ［C］. IEEE Transactions on Automatic Control, 1970, 15 （2）, 210 ~ 221.

［83］ Y Z Tsypkin. Foundations of the theory of learning systems ［M］. Academic Press, New York, 1973.

［84］ G N Saridis. Self – organizing control of stochastic systems ［M］. Marcel Dekker, 2003.

［85］ G N Saridis. Analytic formulation of the principle of increasing precision with decreasing intelligence for intelligent machines ［J］. Automatica, 1989, 25: 461 ~ 467.

［86］ P J Antsaklis, K M Passino, S J Wang. An introduction to autonomous control systems ［J］. IEEE Control Systems Magazine, 1999, 11 (4): 5 ~ 13.

［87］ J A Farrell, W Baker. Learning control systems. ［C］. P Antsaklis, K. Passino (Eds.) An introduction to intelligent and autonomous control, Kluwer Academic, 2004, 237 ~ 262.

［88］ 胡守仁. 神经网络应用技术 ［M］. 北京: 国防科技大学出版社, 1993.

［89］ P Dorato, R K Yedavalli (Eds.). Recent advances in robust control ［M］. IEEE Press, New York, 1990.

［90］ C H Chen (Ed.). Fuzzy logic and neural networks handbook ［M］. McGraw – Hill, 2002.

［91］ D A Linkens, H O Nyongesa. Learning systems in intelligent control: an appraisal of fuzzy, neural and genetic algorithm control applications ［C］. Proceedings IEEE Part D – Control Theory and Applications, 2004, 143 (4): 367 ~ 386.

［92］ P J Werbos. Neurocontrol and elastic fuzzy logic: capabilities, concepts, and applications ［C］. IEEE Transactions on Industrial Electronics, 2001, 40 (2): 170 ~ 180.

［93］ D A White, D A Sofge (Eds.). Handbook of intelligent control: neural, fuzzy, and adaptive approaches ［M］. Van Nostrand Reinhold, NY, 2000.

［94］ A Guez, I Rusnak, I Bar – Kana. Multiple objective optimization approach to adaptive and learning control ［J］. International Journal of Control, 1992, 56 (2): 469 ~ 482.

［95］ K S Narendra, A M Annaswamy. Stable adaptive systems ［M］. Prentice Hall, Englewood Cliffs, NJ, 1989.

［96］ S S Sastry, M Bodson. Adaptive control: stability, convergence and robustness ［M］. Prentice Hall, Englewood Cliffs, NJ, 1989.

［97］ F C Chen, H K Khalil. Adaptive control of nonlinear systems using neural networks ［J］. International Journal of Control, 1992, 55 (6): 1299 ~ 1317.

［98］ J A Farrell. On performance evaluation in on – line approximation for control ［J］. IEEE Transactions on Neural Networks, 1998, 9 (5): 1001 ~ 1007.

［99］ S Jagannathan, F L Lewis. Multilayer discrete – time NN controller with guaranteed performance ［J］. IEEE Transactions on Neural Networks, 2001, 7 (1): 1 ~ 24.

［100］ T A Johansen. Fuzzy model based control: stability, robustness, and performance issues ［J］. IEEE Transactions on Fuzzy Systems, 2004, 2: 221 ~ 234.

［101］ E B Kosmatopoulos, A Chassiakos, H Boussalis, et al. Neural network control of unknown systems ［C］. Proceedings International Joint Conference on Neural Networks (IJCNN' 2000), 943 ~ 948.

［102］ M Liu. Decentralized PD and robust nonlinear control for robot manipulators ［J］. Journal of Intelligent and Robotic Systems, 2002, 20: 319 ~ 332.

［103］ M Liu. Decentralized control of robot manipulators: nonlinear and adaptive approaches ［J］.

IEEE Transactions on Automatic Control, 2006, 44 (2): 357~363.

[104] M M Polycarpou. Stable adaptive neural control scheme for nonlinear systems [J]. IEEE Transactions on automatic Control, 2004, 41.

[105] M M Polycarpou, P A Ioannou. Identication and control of nonlinear systems using neural networks models: design and stability analysis [C]. Technical Report 91 – 09 – 01, Department of Electrical Engineering – Systems, University of South California, Los Angeles, 1999.

[106] G A Rovithakis, M A Christodoulou. Adaptive control of unknown plants using dynamical neural networks [J]. IEEE Transactions on Systems, Man and Cybernetics, 2003, 24: 400~412.

[107] J J E Slotine, R M Sanner. Neural networks for adaptive control and recursive identification: a theoretical framework [C]. L H Trentelman, J C Willems (Eds.) Essays on control – perspectives in the theory and its applications, Birkhauser, Boston, 2003, 381~436.

[108] J T Spooner, K M Passino. Stable adaptive control using fuzzy systems and neural networks [J]. IEEE Transactions on Fuzzy Systems, 2005, 4 (3): 339~359.

[109] K S Tsakalis, S Limanond. Asymptotic performance guarantees in adaptive control [J]. International Journal of Adaptive Control and Signal Processing, 2004, 8: 173~199.

[110] K S Tsakalis. Performance limitations of adaptive parameter estimation and system identification algorithms in the absence of excitation [J]. Automatica, 1996, 32 (4): 549~560.

[111] A Yesildirek, F L Lewis. Feedback linearization using neural networks [J]. Automatica, 1994, 31 (11): 1659~1664.

[112] K S Tsakalis. Bursting scenario and performance limitations of adaptive algorithms in the absence of excitation [M]. Kybernetika, 1997, 33 (1): 17~40.

[113] A A Feldbaum. Optimal control systems [M]. Academic Press, New York, 1965.

[114] 李勇. 冷连轧 AGC 系统控制算法研究 [D]. 沈阳: 东北大学, 2005.

[115] L Ljung. System identification: theory for the user [M]. Prentice Hall, Englewood Cliffs, NJ, 1987.

[116] T Söderstroöm, P Stoica. System identification [M]. Prentice Hall, 1989.

[117] D G Taylor, P V Kokotovic, R Marino, et al. Adaptive regulation of nonlinear systems with unmodelled dynamics [J]. IEEE Transactions on Automatic Control, 1989, 34: 405~412.

[118] S Geman, E Bienestock, R Doursat. Neural networks and the bias/variance dilemma [J]. Neural Computation, 1992, 4 (1): 1~58.

[119] T Hågglund, K. Åström. Automatic tuning of PID controllers, In W. S. Levine (Ed.) [M]. The Control Handbook, CRC Press, 1996, 817~826.

[120] J A Farrell. Stability and approximator convergence in nonparametric nonlinear adaptive control [J]. IEEE Transactions on Neural Networks, 1998, 9 (5): 1009~1020.

[121] A Zaknich, Y Attikiouzel. Application of artificial neural networks to nonlinear signal processing Computational intelligence, a dynamic system perspective [M]. M. Palaniswami,

Y. Attikiouzel, R J Marks (Eds.) IEEE Press, New York, 1995.

[122] 周春光, 梁艳春. 计算智能 [M]. 长春: 吉林大学出版社, 2001.

[123] 刘金琨. 智能控制 [M]. 北京: 电子工业出版社, 2005.

[124] E J Hartman, J D Keeler, J M Kowalski. Layered neural networks with gaussian hidden units as universal approximators [J]. Neural Computation, 1990, 2: 210~215.

[125] K I Funahashi, Y Nakamura. Approximation of dynamical systems by continuous time recurrent neural networks [J]. Neural Networks, 1993, 6 (6): 801~806.

[126] J J Buckley. Sugeno type controllers are universal controllers [J]. Fuzzy Sets and Systems, 1993, 53: 299~304.

[127] 刘曾良, 刘有才. 模糊逻辑与神经网络一理论研究与探索 [M]. 北京: 北京航空航天大学出版社, 1996.

[128] M M Polycarpou, P A Ioannou. Neural networks as on-line approximators of nonlinear systems [C]. Proceeding of the American Control Conference, 1992, 1: 7~12.

[129] A R Barron. Neural net approximation [C]. Proceedings of the 7th Yale Workshop on Adaptive and Learning Systems, 1992, 69~72.

[130] A R Barron. Universal approximation bounds for superspositions of a sigmoidal function [J]. IEEE Transactions on Information Theory, 1993, 39 (3): 930~945.

[131] E D Sontag. Neural network for control [J]. L H Trentelman, J C Willems (Eds.). Essays on control-perspectives in the theory and its applications, Birkhauser, Boston, 1993, 339~380.

[132] S Mukhopadhyay, K S Narendra. Disturbance rejection in nonlinear systems using neural networks [J]. IEEE Transactions on Neural Networks, 1993, 4 (1): 63~72.

[133] 张光澄, 王文娟, 韩会磊, 等. 非线性最优化计算方法 [M]. 北京: 高等教育出版社, 2005.

[134] R Battiti. First and second order methods for learning: between steepest descent and Newton's method [J]. Neural Computation, 1992, 4: 141~166.

[135] M Moller. Efficient training of feed-forward neural networks, in A. Browne (Ed.) Neural network analysis, architectures and applications [M]. Institute of Physics Publishing, Bristol, 136~173.

[136] D Neumerkel, R Shorten, A Hambrecht. Robust learning algorithms for nonlinear filtering [C]. Proceedings 1996 IEEE International Conference on Acoustics, Speech and Signal Processing, 1996, 6: 3565~3568.

[137] S R Quartz, T J Sejnowski, R A Barton, et al. The neural basis of cognitive development: a constructivist manifesto [J]. Behavioral and Brain Sciences, 1997, 20 (4): 537~596.

[138] A Kossel, S Lowel, J Bolz. Relationships between dendritic fields and functional architecture in striate cortex of normal and visually deprived cats [J]. Journal of Neuroscience, 1995, 15: 3913~3926.

[139] R Reed. Pruning algorithms, a survey [J]. IEEE Transactions on Neural Networks, 1993,

4 (5): 740～747.

[140]　M C Mozer, P Smolensky. Skeletonization: a technique for trimming the fat from a network via relevance assessment [J]. Advances in Neural Information Processing Systems 1, 1988, 107～115.

[141]　Y Le Cun, J S Denker, S A Solla. Optimal brain damage in D. S. Touretzky [J]. Advances in Neural Information Processing Systems, Morgan Kaufmann, San Mateo, CA, 1990, 2: 598～605.

[142]　B Hassibi, D G Stork. Second order derivatives for network pruning: Optimal Brain Surgeon [J]. Advances in Neural Information Processing Systems 5, 1992, 164～171.

[143]　S J Hanson, L Y Pratt. Comparing biases for minimal network construction with back - propagation [J]. Advances in Neural Information Processing Systems 1, 1989, 177～185.

[144]　A Krogh, J A Hertz. A simple weight decay can improve generalization [J]. Advances in Neural Information Processing Systems 4, 1992, 951～957.

[145]　Y Chauvin. A back - propagation algorithm with optimal use of hidden units [J]. D S Touretzky (Ed.) Advances in Neural Information Processing Systems, vol. 1, Morgan Kaufmann, San Mateo, CA, 1989, 519～526.

[146]　J Sietsma, R J F Dow. Creating artificial neural networks that generalize [J]. Neural Networks, 1991, 4 (1): 67～69.

[147]　J K Kruschke. Creating local and distributed bottlenecks in hidden layers of back - propagation networks [C]. Proceedings 1988 Connectionist Models Summer School, 120～126.

[148]　D Whitley, C Bogart. The evolution of connectivity: pruning neural networks using genetic algorithms [C]. Proceedings International Joint Conference on Neural Networks, 1990, 1: 134～140.

[149]　T Ash. Dynamic node creation in backpropagation networks [J]. Connection Science, 1989, 1 (4): 365～375.

[150]　M Mezard, J P Nadal. Learning in feedforward layered networks: the tiling algorithms [J]. Journal of Physics, A, 1989, 22: 2191～2203.

[151]　M Marchand, M Golea, P Rujan. A convergence theorem for sequential learning in two - layer perceptrons [J]. Europhysics Letters, 1990, 11 (6): 487～492.

[152]　J Nadal. Study of a growth algorithm for feedforward neural network [J]. International Journal on Neural Systems, 1989, 1: 55～59.

[153]　M Frean. The upstart algorithm: a method for constructing and training feedforward neural networks [J]. Neural Computation, 1990, 1: 198～209.

[154]　Y Hirose, K Yamashita, S Hijiya. Back - propagation algorithm which varies the number of hidden units [J]. Neural Networks, 1991, 4 (1): 61～66.

[155]　O Fujita. Optimization of the hidden unit function in feedforward neural networks [J]. Neural Networks, 1992, 5 (5): 755～764.

[156]　S E Fahlman, C Lebiere. The cascade - correlation learning architecture [J]. D S Touretz-

ky (Ed.) Advances in Neural Information Processing Systems 2, Morgan Kaufmann, San Mateo, CA, 1990, 524 ~ 532.

[157] J Platt. A resource – allocating network for function interpolation [J] . Neural Computation, 1991, 3: 213 ~ 225.

[158] B Fritzke. Growing cell structures – a self – organizing network for unsupervised and supervised learning [J] . Neural Networks, 1994, 7 (9): 1441 ~ 1460.

[159] M Wynne – Jones. Node splitting: a constructive algorithm for feedforward neural networks [J] . Neural computing and Applications, 1993, 1: 17 ~ 22.

[160] S Tan, Y Yu. Adaptive fuzzy modeling of nonlinear dynamical systems [J] . Automatica, 1996, 32 (4): 637 ~ 643.

[161] G W Ng. Application of neural networks to adaptive control of nonlinear systems [M] . John Wiley and Sons, New York, 1997.

[162] G A Carpenter, S Grossberg, D B Rosen. Fuzzy ART: fast stable learning and categorization of analog patterns by an adaptive resonance system [J] . Neural Networks, 1992, 3: 698 ~ 712.

[163] I Rojas, J Ortega, F J Pelayo, et al. Statistical analysis of the main parameters in the fuzzy inference process [J] . Fuzzy Sets and Systems, 1999, 102: 157 ~ 173.

[164] C Ji, D Psaltis. Network synthesis through data – driven growth and decay [J] . Neural Networks, 2002, 10 (6): 1133 ~ 1141.

[165] L A Feldkamp, G V Puskorius, L I Davis, et al. Strategies and issues in applications of neural networks [C] . Proceedings IEEE International Conference on Neural Networks, 1992, 4: 304 ~ 309.

[166] M I Jordan. Attractor dynamics and parallelism in a connectionist sequential machine [C] . Proceedings Eighth Annual Conference of the Cognitive Science Society, 1986, 531 ~ 546.

[167] T Yabuta, T Yamada. Neural network controller characteristics with regard to adaptive control [J] . IEEE Transactions on Systems, Man and Cybernetics, 1992, 22 (1): 171 ~ 177.

[168] D Driankov, H Hellendoorn, R Palm. Some research directions in fuzzy control [M]. H Nguyen, M Sugeno, R Tong, R Yager (Eds.) . Theoretical aspects of fuzzy control, John Wiley and Sons, 1995, 281 ~ 312.

[169] L X Wang. Stable adaptive fuzzy control of nonlinear systems [J] . IEEE Transactions on Fuzzy Systems, 1993, 1: 146 ~ 155.

[170] C Y Su, Y Stepanenko. Adaptive control of a class of nonlinear systems with fuzzy logic [J] . IEEE Transactions on Fuzzy Systems, 2006, 2: 285 ~ 294.

[171] L X Wang. Design and analysis of fuzzy identifiers of nonlinear dynamic systems [J] . IEEE Transactions on Automatic Control, 2003, 40 (1): 11 ~ 23.

[172] V A Novikov. Adaptation in automatic control systems of electrical drives [J]. A B Basharin, V A Novikov, G G Sokolovskiy. Control of electrical drives, Leningrad, Energoizdat, 1982, 293 ~ 325.

［173］ B Srinivasan, U R Prasad, N J Rao. Back propagation through adjoints for the identification of nonlinear dynamic systems using recurrent neural models ［J］. IEEE Transactions on Neural Networks, 1994, 5 (2): 178 ~ 184.

［174］ P D Wasserman. Advanced methods in neural computing ［M］. Van Nostrand Reinhold, New York, 1993.

［175］ L Jin, P Nikiforuk, M Gupta. Fast neural learning and control of discrete – time nonlinear systems ［J］. IEEE Transactions on Systems, Man and Cybernetics, 1995, 25 (3): 479 ~ 488.

［176］ W M Lippe, T Feuring, A Tenhagen. A fuzzy – controlled delta – bar – delta learning rule ［C］. Proceedings IEEE World Congress on Computational Intelligence, 1994, 3: 1686 ~ 1690.

［177］ M M Livstone, J A Farrell, W L Baker. A computationally efficient algorithm for training recurrent connectionist networks ［C］. Proceedings 1992 American Control Conference, 1992, 1: 555 ~ 561.

［178］ J J Saade. A unifying approach to defuzzification and comparison of the outputs of fuzzy controllers ［J］. IEEE Transactions on Fuzzy Systems, 1996, 4 (3): 227 ~ 237.

［179］ 万百五. 工业大系统优化与产品质量控制 ［M］. 北京: 科学出版社. 2003.

［180］ H Nomura, I Hayashi, N Wakami. A learning method of fuzzy inference rules by descent method ［C］. Proceedings First IEEE International Conference on Fuzzy Systems, 1992, 203 ~ 210.

［181］ F Guely, P Siarry. Gradient descent method for optimizing various fuzzy rule bases ［C］. Proceedings Second IEEE International Conference on Fuzzy Systems, 1993, 1241 ~ 1246.

［182］ 唐武军. 酸轧联机项目的过程数据采集及分析系统 ［J］. 计算机应用, 2005, 43 (4).

［183］ T Harakawa, K Yui, E Sumitani. Development of spindle torsional vibration control system using observer for tandem cold mill in steel production process ［C］. Proceedings Automatic Control – 10th Triennial World Congress of the IFAC, 1987, 3: 109 ~ 113.

［184］ T Kawaguchi, T Ueyama. Steel industry Ⅱ: control system, Gordon and Breach Science Publishing ［M］. New York, 1989.

［185］ T Harakawa, T Kawaguchi. Digital control in iron and steelmaking processes ［J］. Automatica, 1993, 29 (5): 1185 ~ 1202.

［186］ 刘战英. 轧钢 ［M］. 北京: 冶金工业出版社, 1995.

［187］ 梁国平. 关于轧机的最佳负荷分配问题 ［J］. 钢铁, 1980, 15 (1): 42 ~ 48.

［188］ Y Frayman, L Wang. Robust control of continuous polymerization reactor by dynamically constructed recurrent fuzzy neural network ［C］. Proceedings of the 1998 World Multiconference on Systemics, Cybernetics and Informatics (SCI′98), vol. 1 (4th International Conference on Information Systems, Analysis and Synthesis ISAS′98), 1998, 646 ~ 651.

［189］ 魏立群, 陆济民. 轧辊弹性压扁的计算 ［J］. 钢铁, 1991, 26 (12): 25.

[190] J F Chicharo, T S Ng. A roll eccentricity sensor for steel – strip rolling mills [J]. IEEE Transactions on Industry Applications, 2000, 26 (6): 1063 ~ 1069.

[191] W J Edwards, P J Thomas, G C Goodwin. Roll eccentricity control for strip rolling mills [C]. Proceedings 10th IFAC World Congress, 1999, 2: 661 ~ 669.

[192] S S Garimella, K Srinivasan. Application of repetitive control to eccentricity compensation in rolling [J]. Transactions of the ASME, Journal of Dynamic Systems, Measurement and Control, 2003, 118: 657 ~ 664.

[193] M J Grimble. Polynomial solution of the standard H1 control problem for strip mill gauge control [C]. IEEE Proceedings, part D – Control Theory and Applications, 2004, 142 (5): 515 ~ 525.

[194] I J Ferguson, R F de Tina. Modern hot – strip mill thickness control [C]. IEEE Transactions on Industry Applications, 2000, 22 (5): 934 ~ 940.

[195] H Katori, N Yositani, T Ueyama, et al. Application of two degree of freedom control system to automatic gauge control [C]. Proceedings 2002 American Control Conference, 2002, 1: 806 ~ 810.

[196] R N Middleton, G C Goodwin. Digital control and estimation [M]. Prentice – Hall, Englewood Cliffs, NJ. 2006.

[197] I Postlethwaite, J Geddes. Gauge control in tandem cold rolling mills: a multivariable case study using H1 optimization [C]. Proceedings 3rd IEEE Conference on Control Applications, 2004, 3: 1551 ~ 1556.

[198] T Fechner, D Neumerkel, I Keller. Adaptive neural network filter for steel rolling [C]. Proceedings 1994 IEEE International Conference on Neural Networks, 1994, 6: 3915 ~ 3920.

[199] 白埃民, 周和敏. 轧机与轧制条件对 AGC 稳定性和厚控的影响 [J]. 轧钢, 2001, 18 (6): 11.

[200] 郝付国, 白埃民, 张进之, 等. 动态设定型 AGC 在中厚板轧机上的应用 [J]. 钢铁, 1995, 30 (7): 32.

[201] 孙复森, 刘先礼, 耿庆波, 等. 绝对 AGC 技术在中厚板生产中的成功应用[C]. 2000年中厚板会议论文集, 济南, 2000: 58.

[202] K Dutton, C N Groves. Self – tuning control of a cold mill automatic gauge control system [J]. International Journal of Control, 1996, 65 (4): 573 ~ 588.

[203] 杨节. 轧制过程数学模型 [M]. 北京: 冶金工业出版社, 1993.

[204] 陈建华, 李冰, 张殿华, 等, 轧机弹跳量宽度修正 [J]. 钢铁, 2003, 38 (1): 31.

[205] 王君, 张殿华, 王国栋. 厚度计型和动态设定型 AGC 的统一性证明 [J]. 控制与决策, 2000, 15 (3): 333.

[206] Y Frayman, Wang. Dynamically constructed recurrent fuzzy neural network for cold rolling mill thickness control [C]. Proceedings of 11th Australian Joint Conference on Artificial Intelligence (AI'98), 1998, 15 ~ 23.

冶金工业出版社部分图书推荐

书　名	作　者	定价(元)
板带冷轧生产	张景进　主编	42.00
钢材的控制轧制和控制冷却（第2版）	王有铭　李曼云　韦　光　编	32.00
国外冷轧硅钢生产技术	卢凤喜　王　浩　刘国权　编著	79.00
宽厚钢板轧机概论	陈瑛　编著	75.00
冷轧薄钢板生产（第2版）	付作宝　主编	69.00
冷轧带钢生产	夏翠莉　朱万军　主编	41.00
连铸及炉外精炼自动化技术	刘玠　主编	52.00
连铸连轧理论与实践	任吉堂　等　编著	32.00
冷轧生产自动化技术	刘玠　主编	45.00
平整轧制工艺模型	白振华　等　著	26.00
热连轧带钢生产	张景进　主编	35.00
热轧生产自动化技术	刘玠　等　编著	52.00
冶金原燃料生产自动化技术	刘玠　主编	58.00
轧钢工艺学	包喜荣　陈　林　主编	39.00
轧钢机械（第3版）	邹家祥　主编	49.00
轧钢基础知识	孟延军　主编	39.00
轧钢生产基础知识问答（第3版）	刘　文　王兴珍　编著	49.00
轧制测试技术	宋美娟　主编	28.00
轧制工程学	康永林　主编	32.00
轧制工艺参数测试技术（第3版）	黎景全　主编	30.00
轧制过程自动化（第3版）	丁修堃　主编	59.00
自动检测和过程控制（第4版）	刘玉长　主编	50.00